Panzerjäger 8,8 cm Pak 43 auf Fgst „Panther" Sd Kfz 173 „Jagdpanther" – pojazd późnej serii produkcyjnej *(late production series).*

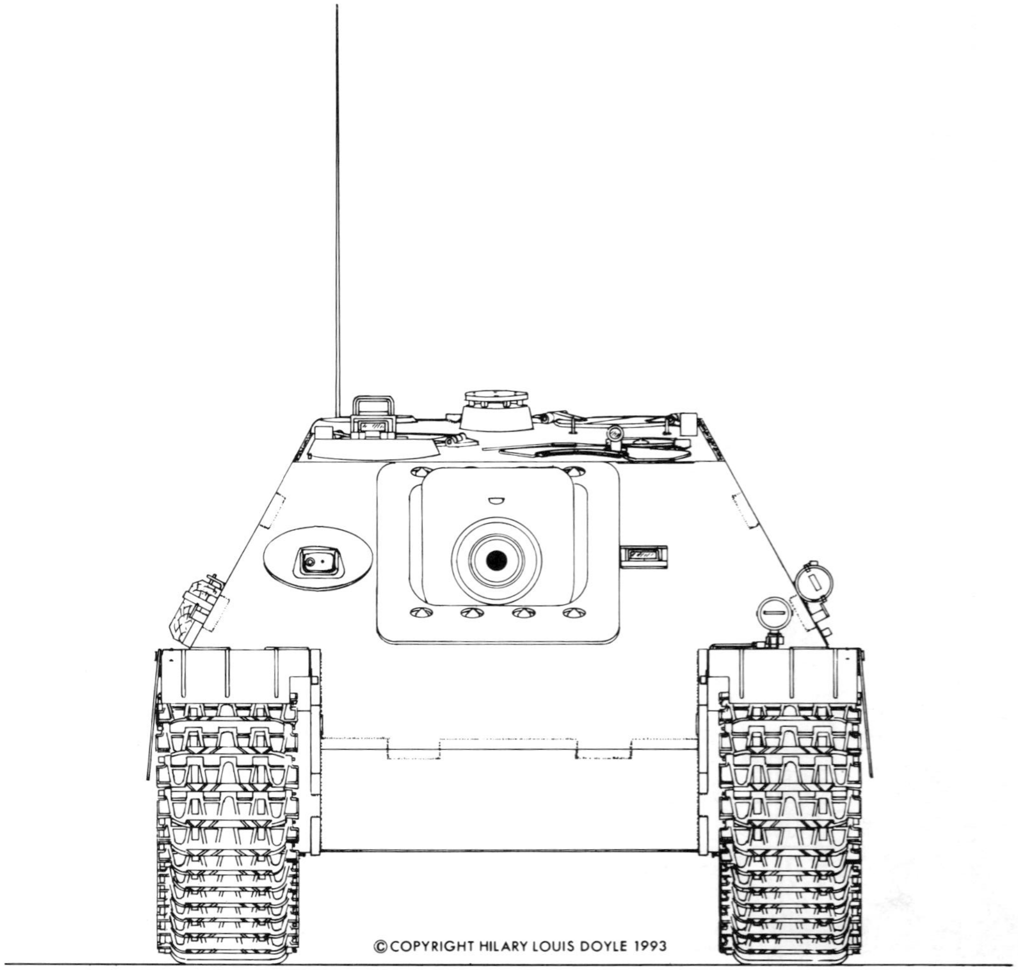

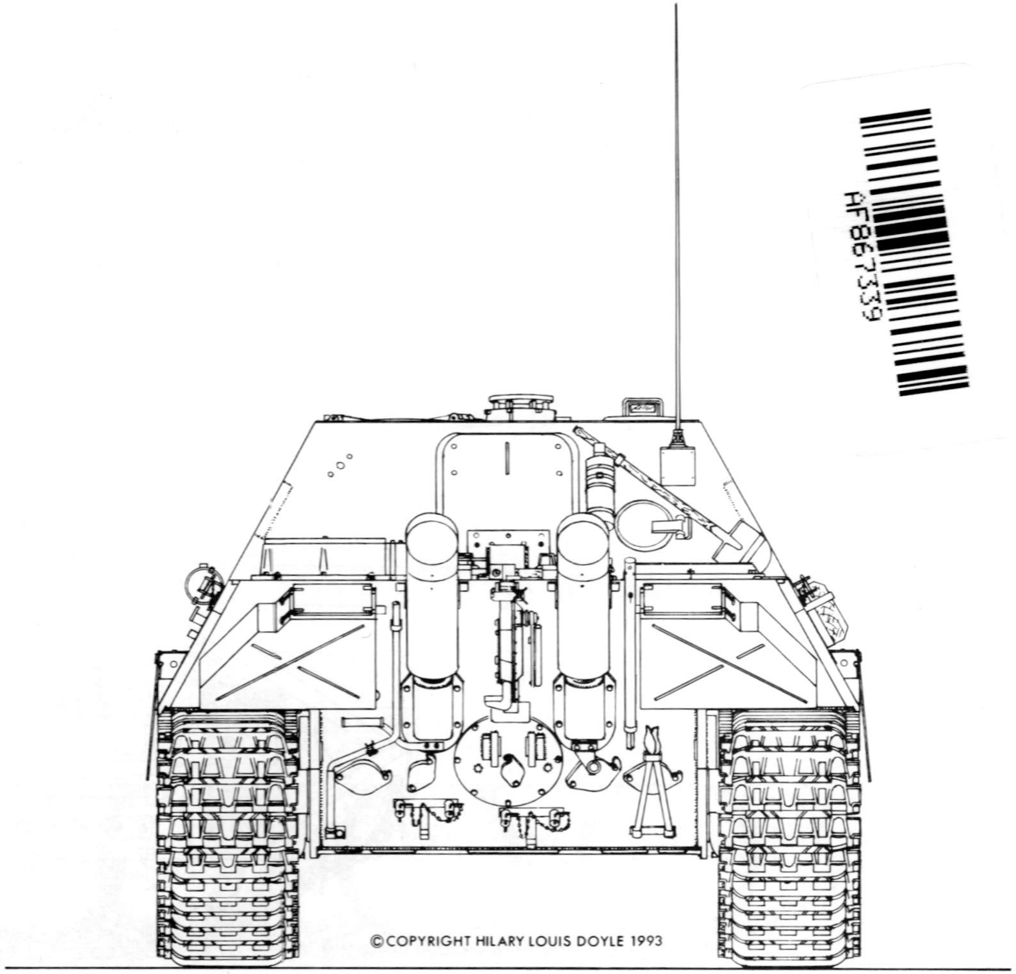

Janusz Ledwoch

Panzerjäger 8,8 cm Pak 43 auf Fgst „Panther" Sd Kfz 173 „Jagdpanther"

Warszawa 1999

Okładka/Front cover – **Jarosław Wróbel**
Rysunki/Drawings – **Hilary Louis Doyle**
Plansze barwne/Color drawings – **Grzegorz Jackowski**
Opracowanie redakcyjne – **Artur Winiarski**

Zdjęcia/Photo Credits: **Tank Museum, Bovington, England**
G. Deygas, MK Editions, France
Airborne Forces Museum, Aldershot, England
US Army
Die Deutsche Wochenschau

The author wish to acknowledge the kind assistance which was received from the following people in the preparation of this book:
Mr. Hilary Louis Doyle, Rep. of Ireland
Mr. G. Deygas, MK Editions, France

Wydawnictwo **„MILITARIA"**® – 00-961 Warszawa 42 skr. pocz. 106

tel/fax (24 h order service) 845 14 27, 0 601 21 79 99
e mail: militaria@supermedia.pl
http://www.militaria.futurix.com.pl

ISBN 83-7219-040-2

Panzerjäger 8,8 cm Pak 43 auf Fgst „Panther" – „Jagdpanther" Sd Kfz 173 z 654. schwere Heeres Panzerjäger Abteilung, Francja, 1944 rok. Pojazd tzw. średniej serii produkcyjnej z dwuczęściową lufą, spawanym jarzmem armaty i pojedynczym peryskopem kierowcy. *Panzerjäger 8.8 cm Pak 43 auf Fgst "Panther" – "Jagdpanther" Sd Kfz 173 of 654. schwere Heeres Panzerjäger Abteilung, France, 1944. Note mid-production vehicle.* **[Tank Museum]**

Niewątpliwie jednym z najlepszych dział samobieżnych skonstruowanych w okresie II wojny światowej była niemiecka „Jagdpanthera". Konstrukcja tego pojazdu była oparta o podzespoły (silnik, podwozie) czołgu PzKpfw V Sd Kfz 171 „Panther". Działo samobieżne „Jagdpanther" było produkowane w latach 1944-1945. Wyprodukowano około 415 pojazdów tego typu.

Przez wielu specjalistów działo samobieżne „Jagdpanther" uważane jest za najlepszy pojazd w swojej klasie skonstruowany w okresie II wojny światowej.

Armia niemiecka już w początkowym okresie wojny podjęła prace nad skonstruowaniem dział samobieżnych przeznaczonych do zwalczania czołgów przeciwnika. Głównym zadaniem pojazdów tego typu miało być niszczenie czołgów i dział samobieżnych nieprzyjaciela, znajdujących się poza zasięgiem armat własnych czołgów, a więc potencjalnie niemożliwych do zniszczenia.

Już 3 sierpnia 1942 roku *Heeres Waffen Amt* polecił opracowanie działa samobieżnego opartego o podzespoły nowego czołgu średniego **VK 30.02 (MAN)** – czyli późniejszej słynnej **„Pantery"**. Uzbrojenie nowego działa samobieżnego (na marginesie warto dodać, że początkowo nowy pojazd był klasyfikowany jako działo... szturmowe, ta dość specyficzna klasyfikacja nie ominęła także innych pojazdów np. **„Ferdinanda-Elefanta"**) miała stanowić sprawdzona armata kalibru 88 mm. Dodatkowe uzbrojenie stanowił karabin maszynowy *MG 42* kalibru 7,92 mm i uzbrojenie załogi składające się z dwóch pistoletów maszynowych *MP 40* kalibru 9 mm.

Prace nad skonstruowaniem odpowiedniej lawety działa zlecono doświadczonym zakładom *Krupp* w Essen. *Krupp* doświadczalnie zabudował armatę kalibru 88 mm na podwoziu zmodyfikowanego czołgu **PzKpfw IV**, gdyż wówczas nie dysponowano jeszcze podwoziem **„Pantery"**, zaś prototypy znajdowały się w trakcie prób poligonowych. Producent **„Panther"** zakłady *MAN* informowały *Kruppa,* że dostarczenie podwozia do prób będzie możliwe dopiero w styczniu 1943 roku. Dlatego też jesienią wykonano tylko makiety **„Jagdpanthery"**: w skali 1:10 i w skali 1:1. Pojazd skonstruowany przez *Kruppa* miał mieć opancerzenie dochodzące do 80 mm – pancerz czołowy i 50 mm pancerz boczny.

Uruchomienie produkcji seryjnej przewidywano na lato 1943 roku. W październiku 1942 roku minister Albert Speer polecił, aby prace konstrukcyjne, a w perspektywie także i produkcję seryjną przejęły zakłady *Daimler-Benz*, producent czołgu **„Panther"**. Miało to na celu uproszczenie cyklu produkcyjnego m.in. poprzez ujednolicenie dostaw kooperacyjnych. Udział w konstrukcji działa samobieżnego zakładów *Krupp* zakończył się w zasadzie tylko opracowaniem drewnianej makiety zaprezentowanej przedstawicielom *Waffen Amtu* 16 listopada 1942 roku.

Dalszy rozwój konstrukcji nastąpił w wyniku ustalenia dokładnych wytycznych taktyczno-technicznych, co nastąpiło 5 stycznia 1943 roku. Zakłady *Daimler-Benz* otrzymały polecenie pogrubienia opancerzenia tak, aby pancerz czołowy miał grubość 100 mm, zaś pancerz boczny 60 mm. Pancerz czołowy miał być nachylony pod kątem 55°. Wierzch nadbudowy, spód wanny kadłuba i pancerz tylny miały mieć grubość 30 mm. Przewidywano zastosowanie łatwo rozbieranego jarzma armaty, tak aby umożliwić szybki dostęp do mechanizmu przeniesienia napędu i sterowania umieszczonego z przodu

Oficjalna fotografia prototypu Fahrgestell V 101 działa samobieżnego „Jagdpanther", na boku nadbudowy widoczna tzw. strzelnica pistoletowa. *An official photo of „Jagdpanther" SP Gun Fahrgestell V 101 prototype. Note pistol port on the side of the superstructure.*

kadłuba pojazdu. Inną inowacją było ,,wyposażenie" kierowcy w dwa peryskopy, w miejsce, zazwyczaj stosowanych, szczelin obserwacyjnych osłoniętych wkładkami ze szkła pancernego. W bokach nadbudowy przewidywano zamontowanie tzw. strzelnic pistoletowych umożliwiających załodze prowadzenie ognia z broni ręcznej.

Procesy konstrukcyjne nad nowym pojazdem pancernym armii niemieckiej nie obył się bez ingerencji wodza III Rzeszy. 6 marca Hitler polecił sprawdzenie zastosowania w pojeździe **„Sturmgeschütz auf Panther"** możliwości zastosowania jarzma kulistego typu *Porsche*. *Führer* nie omieszkał także wprowadzić zmian w grubości opancerzenia pojazdu. 1 maja 1943 roku *Waffen Amt Wa Prüf 6* wydał nową specyfikację opancerzenia. Pancerz czołowy miał wynosić 100 mm (płyty pod kątem 55°), boczne o grubości 60 mm (35°), ponadto przewidywano zastosowanie wanny kadłuba czołgu **„Panther" II**, a nie standardowego **PzKpfw V**. Schemat takiego opancerzenia przedstawia rysunek.

Plany uległy zmianie już 4 maja 1943 roku, bowiem *Waffen Amt* polecił wykorzystanie podwozia **„Pantery"**, a nie znajdującego się w fazie wstępnych prac projektowych czołgu **„Panther" II**. W związku z tym *Daimler-Benz* otrzymał polecenie przystosowania konstrukcji do podwozia **„Pantery"**, jednak z wykorzystaniem uproszczeń technologicznych planowanych do wprowadzenia w nowym pojeździe. W tym samym czasie także dokonano zmiany lokalizacji produkcji.

Ministerstwo uzbrojenia zdecydowało, że zakłady *Daimler-Benz* w Berlinie (Berlin-Marienfelde) będą produkowały wyłącznie **„Pantery"**, zaś produkcja dział samobieżnych zostanie uruchomiona w Brunszwiku (Braunschweig), w zakładach *MIAG* (*Mühlenbau und Industrie A.G*).

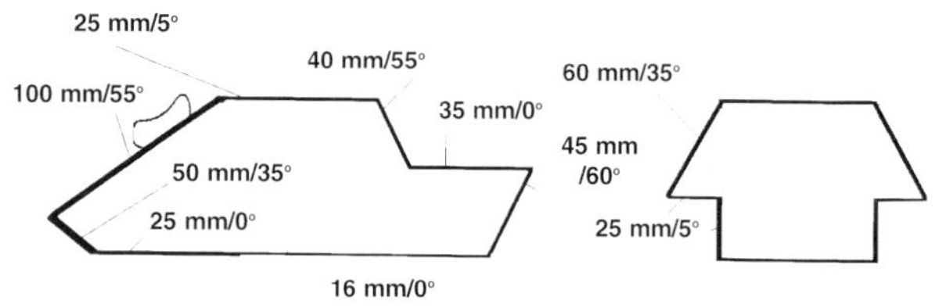

Schemat opancerzenia wg. specyfikacji z 1.5.1943 roku.
Armour scheme of specification dated 1.05.1943.

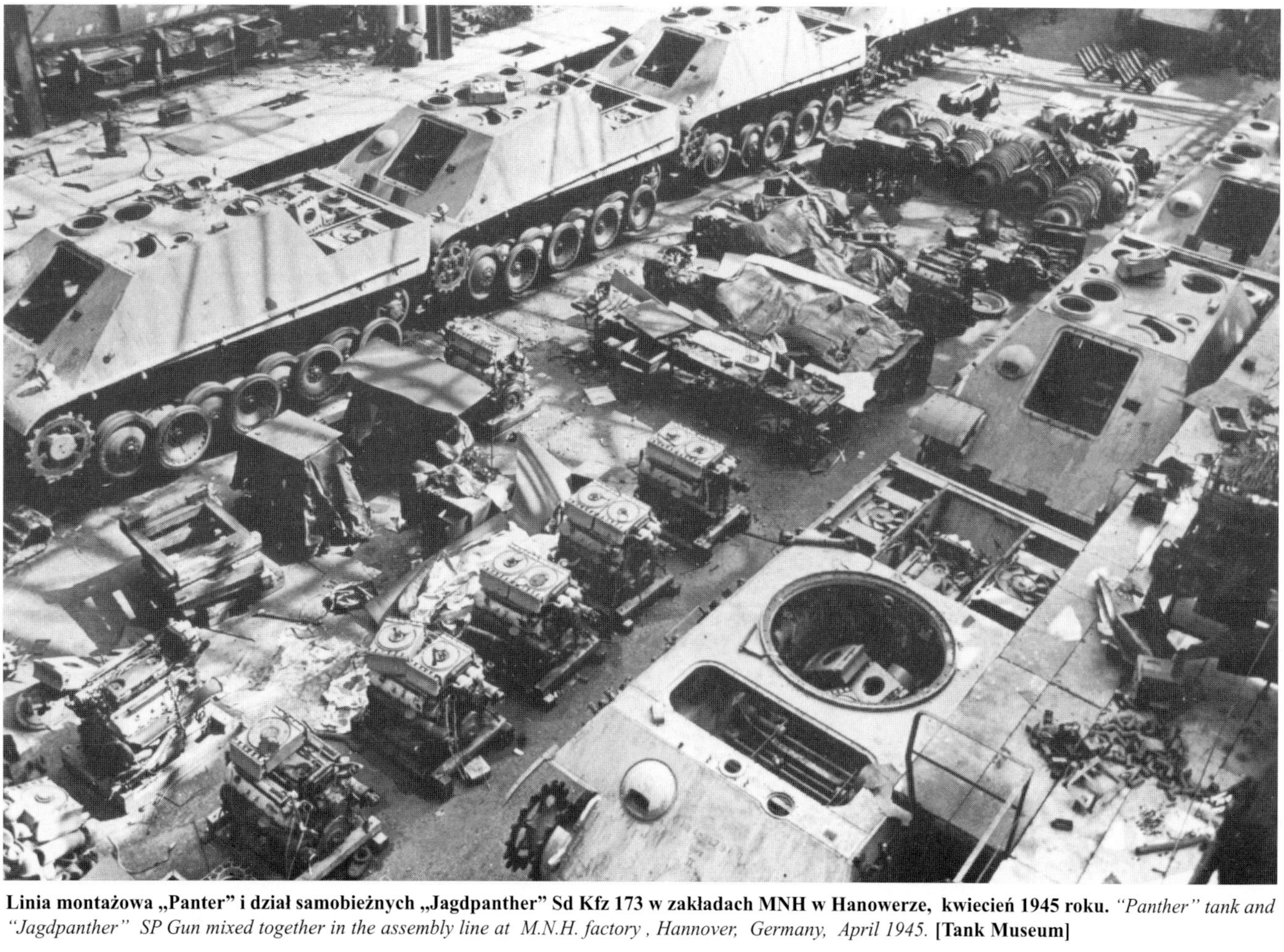

Linia montażowa „Panter" i dział samobieżnych „Jagdpanther" Sd Kfz 173 w zakładach MNH w Hanowerze, kwiecień 1945 roku. *"Panther" tank and "Jagdpanther" SP Gun mixed together in the assembly line at M.N.H. factory, Hannover, Germany, April 1945.* **[Tank Museum]**

Panzerbefehlswagen „Jagdpanther" numer „01" ze sztabu 559. schwere Heeres Panzerjäger Abteilung, front zachodni, jesień 1944 roku. Pojazd wczesnej serii produkcyjnej z armatą Pak 43/2. *Panzerbefehlswagen "Jagdpanther" No "01" of Stab 559th schwere Heeres Panzerjäger Abteilung, Western Front, 1944. Note early vehicle fitted with single-piece "monoblock" gun barrel of Pak 43/2 gun.* **[Tank Museum]**

We wstępnej fazie prac konstrukcyjnych nadal bardzo silne były wpływy ,,artyleryjskiej" (wszakże pojazd nadal klasyfikowano jako działo szturmowe) koncepcji konstrukcji. Stąd też planowano wyposażenie pojazdu w radiostacje typu *FuG 15* i *FuG 16*, typowe dla jednostek artylerii, a nie wojsk pancernych.

We wrześniu 1943 roku gotowa była pierwsza nadbudowa. W stosunku do wcześniejszego projektu, z 1 maja 1943 roku, pojazd miał słabsze opancerzenie, bowiem pancerz czołowy miał grubość tylko 80 mm, a boczny i dolna część pancerza przedniego 50 mm, boki wanny i tył kadłuba miały grubość 40 mm, zaś wierzch nadbudowy tylko 30 mm. Jednak i te zmiany, spowodowane koniecznością ograniczenia masy pojazdu, nie były wystarczające, bowiem pancerz wierzchu tyłu kadłuba miał grubość zmniejszoną do 25 mm. Zmianie uległ także mechanizm lawety armaty, bowiem armata 88 mm miała mieć możliwość wychylania się na boki, nie jak planowano o 14°, a tylko o 12° w obie strony.

W połowie czerwca 1943 roku *Daimler-Benz* ukończył pełnoskalowy model pojazdu, który został przekazany do *MIAG* w celu opracowania szablonów i wykrojników koniecznych do rozpoczęcia produkcji elementów pancernej nadbudowy kadłuba pojazdu. Model był prezentowany Hitlerowi 20 października 1943 roku na poligonie w Arys (Orzysz) w trakcie demonstacji nowych modeli sprzętu pancernego.

9 lipca *Wa Prüf 6* wykonał specyfikację uzbrojenia pojazdu z armatą *8,8 cm Pak 43 L/71* kalibru 88 mm z zapasem 50 pocisków, *Nahvertigungswaffe* (30 pocisków), karabinu maszynowego *MG 42* z zapasem amunicji 600 pocisków, obsługiwanego przez radiotelegrafistę oraz czterech ,,*Schmeisserów" MP 38/40* z zapasem amunicji 760 pocisków. Pojazdy miały posiadać celownik *Sfl ZF 1a*. Innym nowum było powiększenie liczby członków załogi do 6, bowiem ,,przybył" radiotelegrafista, który miał także ,,polewać" z *MG 42* zamontowanego w kadłubie.

Pierwsze modyfikacje, jeszcze nie produkowanego seryjnie, pojazdu przeprowadzono już w październiku 1943 roku. Duży wpływ na te prace miały doświadczenia z bitwy na Łuku Kurskim w lipcu 1943 roku. Szczególnie cennym doświadczeniem było użycie w walce **,,Ferdinadów-Elefantów"**. Zwrócono uwagę na konieczność zapewnienia obrony pojazdu przed nacierającą piechotą. Dlatego też **,,Jagdpanther"** otrzymał uzbrojenie strzeleckie identyczne z czołgowym czyli *MG 34* w jarznie kulistym umieszczony w płycie czołowej kadłuba. Do tej pory planowano uzbrojenie pojazdu w *MG 42* w kadłubie o ograniczonym polu ostrzału, prawdopodobnie strzelającym przez wykrój w płycie czołowej kadłuba, podobnie jak we wczesnych modelach czołgu **,,Panther"**.

Powiększono zapas amunicji działowej z 50 do 60 pocisków, a zmniejszono liczbę członków załogi do 5 osób – ,,wypadł" jeden z ładowniczych. Także zmniejszono ilość peryskopów do czterech, uprzednio na wierzchu nadbudowy było zamontowanych pięć peryskopów. Dwa peryskopy były ruchome, zaś dwa peryskopy stałe.

Pierwszy prototyp – oznaczony jako **V 101** był gotowy do prób w październiku 1943 roku. Drugi prototyp – **V 102** został ukończony 17 listopada 1943 roku. Ten prototyp był prezentowany Hitlerowi w Arys (Orzysz) 16 grudnia 1943 roku.

Panzerjäger 8,8 cm Pak 43 auf Fgst „Panther" – „Jagdpanther" Sd Kfz 173, jeden z pierwszych pojazdów seryjnych wyprodukowanych w lutym 1944 roku z podwójnym peryskopem obserwacyjnym kierowcy. *A very early Panzerjäger 8.8 cm Pak 43 auf Fgst "Panther" "Jagdpanther" Sd Kfz 173 SP Gun, February 1944 production with two driver's periscopes.* **[Poniżej] Pojazd wyprodukowany latem 1944 roku z armatą Pak 43/3 i pojedynczym peryskopem.** *[Below] Mid-productiom vehicle fitted with two piece gun barrel and single driver's periscope.* **[Tank Museum]**

MODYFIKACJE

Niedługo po uruchomieniu produkcji, już w styczniu 1944 roku **„Jagdpanthery"** poddano pierwszym modyfikacjom.

Seryjne **„Jagdpanthery"** nie posiadały dwóch tzw. strzelnic pistoletowych, umieszczonych w bocznych ścianach nadbudowy pojazdu. Zamiast tych „strzelnic" montowano *Nahverteidigungswaffe*. Zamontowano też zaczepy do mocowania wkładek antypoślizgowych mocowanych do gąsienic w warunkach zimowych.

W lutym 1944 roku wymontowano lewy peryskop kierowcy, zaś z tyłu kadłuba zamocowano hak holowniczy. Wczesne pojazdy ponadto wyróżnia jednoczęściowa lufa armaty *Pak 43/2* i mała osłona jarzma armaty przyspawana do płyty czołowej kadłuba. Pojazdy wczesnych serii produkcyjnych miały zamontowaną standardową płytę silnikową czołgu **„Panther" Ausf. A**. Na wierzchu płyty pod tylnym włazem nadbudowy mocowano dwie gumowe odbojnice, zapobiegające uderzaniu otwartym włazem o płytę silnikową. Mocowanie odbojnic zakończono w 1945 roku.

Latem 1944 roku zmieniono miejsce usytuowania, mocowanych do pancerza zaczepów holowniczych. W maju wprowadzono zmodyfikowaną dwuczęściową lufę armaty *8,8 cm Pak 43/3*. Tak zmodyfikowana armata była m.in. wyposażona w mniejszy hamulec wylotowy pochodzący z armaty *7,5 cm Pak 40 L/70* kalibru 75 mm. Modyfikacje nieco poprawiły właściwości balistyczne armaty. Uproszczeniu uległa też konstrukcja mocowania armaty i mechanizmu powrotnego. Pojazdy z jednoczęściową lufą armaty były jednak produkowane aż do października 1944 roku. W czerwcu 1944 roku na wierzchu nadbudowy przedziału bojowego rozpoczęto montowanie trzech gniazd do mocowania pomocniczego dźwigu o udźwigu 2000 kg.

„Jagdpanther" Sd Kfz 173 z nowym jarzmem armaty, pojazd wyprodukowany jesienią 1944 roku. *A late "Jagdpanther" SP Gun, Autumn 1944 productiom fitted with new gun mauntlet*. **[Tank Museum]**

We wrześniu 1944 roku zaprzestano pokrywania pojazdów *zimmeritem*. W następnym miesiącu trafiły na front działa samobieżne ze zmodyfikowanymi jarzmami armaty mocowanymi ośmioma śrubami. Rury wydechowe dodatkowo zabezpieczono blaszanymi osłonami wyposażonymi w tłumiki płomieni tzw. *Flammvernichter*.

W październiku 1944 roku zaczęto także montować nowe koła napinające o większej średnicy i wyposażone w specjalne elementy zapobiegające gromadzeniu się ziemi wewnątrz koła. Wymontowano tylny amortyzator, podobą modyfikacją

Wczesny Panzerjäger 8,8 cm Pak 43 auf Fgst „Panther" – „Jagdpanther" Sd Kfz 173, produkcja z lutego 1944 roku z armatą Pak 43/2. *Early Panzerjäger 8.8 cm Pak 43 auf Fgst "Panther" "Jagdpanther" Sd Kfz 173 SP Gun, February 1944 production fitted with Pak 43/2 gun.* **[Tank Museum]**

Panzerjäger 8,8 cm Pak 43 auf Fgst „Panther" – „Jagdpanther" Sd Kfz 173 z 654. schwere Heeres Panzerjäger Abteilung, Francja, 1944 rok. Pojazd tzw. średniej serii produkcyjnej z dwuczęściową lufą, spawanym jarzmem armaty i pojedynczym peryskopem kierowcy. *Panzerjäger 8.8 cm Pak 43 auf Fgst "Panther" – "Jagdpanther" Sd Kfz 173 of 654. schwere Heeres Panzerjäger Abteilung, France, 1944. Note mid-production vehicle.* **[Tank Museum]**

objęto też i czołgi **PzKpfw V**. Lewy wlot powietrza do silnika został wyposażony w, identyczną z czołgiem **PzKpfw V**, osłonę, gdyż pełnił także rolę wentylatora przedziału bojowego pojazdu. Z lewego boku kadłuba, na płytę silnikową, został przeniesiony rurowy pojemnik, mieszczący wycior armaty. Część pojazdów wyposażono w dodatkowy wentylator umieszczony z przodu przedziału bojowego (nadbudowy). Dodatkowo wloty powietrza do silnika, umieszczone bliżej nadbudowy, były węższe o 75 mm niż te standardowe w czołgu **PzKpfw V.** Od grudnia 1944 roku węższe wloty montowano także z tyłu kadłuba pojazdu. Dokonano też nieznacznej modyfikacji jarzma armaty polegającej na zmniejszeniu występu mocującego jarzmo do kadłuba pojazdu.

W ostatnich miesiącach wojny poprawiono mocowanie pocisków w zaczepach, co pozwoliło na wygospodarowanie miejsca na dodatkowe dwa pociski. Jesienią 1944 roku zaprzestano mocowania nad peryskopem kierowcy osłony przeciwdeszczowej.

Można wyróżnić trzy zasadnicze wersje pojazdu. Pierwsza to wczesne pojazdy z jednoczęściową lufą armaty *Pak 43/2*, jarzmem spawanym do nadbudowy i dwoma peryskopami, pojazdy tzw. ,,średniej serii produkcyjnej" to wozy z wcześniej opisanym typem jarzma, dwuczęściową lufą armaty *Pak 43/3* i pojedynczym peryskopem kierowcy. Pojazdy z późnych serii produkcyjnych miały nowy typ jarzma, przysrubowany do nadbudowy, płytę silnikową z **„Pantery" Ausf. G** i inne drobne modyfikacje – jak opisano powyżej.

PRODUKCJA SERYJNA

Jak już wcześniej wspomniano produkcję seryjną **„Jagdpanther"** podjęły zakłady *MIAG* w Brunszwiku (Braunschweig). W początkowym okresie trudno jest mówić o produkcji seryjnej, bowiem produkowano tylko po kilka pojazdów miesięcznie – przykładowo w marcu 1944 roku osiem **„Jagdpanther"**. Było to nawet dużo mniej niż zakładał plan produkcyjny, bowiem realizacja planu wahała się na poziomie 30-50% zakładanej liczby pojazdów. W czerwcu 1944 roku *MIAG* był atakowany przez bombowce 8. *USAAF*. Uszkodzenia zakładu wpłynęły też na produkcję **„Jagdpanther"** – wyprodukowano tylko sześć pojazdów. W październiku 1944 roku po raz kolejny amerykańskie **B-17** i **B-24** zahamowały produkcję. Bramy zakładów *MIAG* opuściło wówczas tylko 8 **„Jagdpanther"**.

Niezadowalająca wielkość produkcji była przyczyną decyzji *Waffen Amtu* rozpoczęcia produkcji w innej fabryce. Wybór padł na kolejnego producenta czołgów **PzKpfw V** – zakłady *MNH* w Hanowerze. *Maschinenfabrik Niedersachsen Hannover* w listopadzie 1944 roku wyprodukowała 20 pojazdów, zaś w grudniu 14. Do produkcji **„Jagdpanther"**

Linia montażowa „Jagdpanther" w zakładach MNH, 1945 rok. *MNH "Jagdpanther" assembly line at Hannover, 1945.* **[Tank Museum]**

Działo „Jagdpanther" w czasie montażu podwozia. Pojazd był montowany na kolejnych stanowiskach linii montażowej. *"Jagdpanther" hull in the assembly line. The vehicle moved along assembly line from station to station.* **[Tank Museum]**

został włączony także „nowy" zakład czyli *MBA Maschinenbau und Bahnbedarf* w Poczdamie (Potsdam-Drewitz). W *MBA* produkcja ruszyła w grudniu 1944 roku. Fabryka w Poczdamie nie produkowała czołgów **PzKpfw V**, była natomiast kooperantem innego wytwórcy **„Panther"**, zakładów *Daimler-Benz* w Berlinie.

W styczniu 1945 roku, miesiącu największej produkcji, zakłady *MIAG* (35 sztuk), *MNH* (35) i *MBA* (2) wyprodukowały łącznie 72 pojazdy.

Pomimo bombardowań, braku siły roboczej i trudności surowcowych *Waffen Amt* w ramach *„Notprogram"* planował rozwinięcie produkcji seryjnej **„Jagdpanther"** w 1945 roku. W lutym zakładano wyprodukowanie 70 pojazdów (wykonano 42, zaś docelowo w czerwcu 1945 roku produkcja miała wynosić 100 pojazdów.

Głównym producentem miały być zakłady *MIAG* – 60 pojazdów, zaś *MBA* i *MNH* miały produkować wówczas po 20 sztuk. W ostatnich miesiącach wojny rzeczywista produkcja seryjna wynosiła 50-70% zaplanowanej ilości.

Mało znanym epizodem było zmontowanie po wojnie w Niemczech, przez brytyjski 823. *Armoured Troops Workshop REME No. 13,* z elementów przeznaczonych do produkcji w zakładach *MNH* 13 **„Panther"** i **„Jagdpanther"** (10+3?).

Armaty 8,8 cm *Pak 43/3 L/71* produkowały zakłady *Dortmund-Hoerder-Hüttenverein AG* w Lippstadt i w Dortmundzie. Wanny kadłuba dostarczały *Brandenburger Eisenwerke GmbH* w Brandenburgu nad Hawelą.

Ostatnie **„Jagdpanthery"** produkcji *MBA* trafiły do jednostek w rejonie Berlina w ostatnich dniach walk: 18 i 19 kwietnia po jednej sztuce, zaś 22 kwietnia 1945 roku pięć sztuk.

Konstruktorzy niemieccy opracowali kilka projektów dział samobieżnych opartych o zmodyfikowane podwozie **„Pantery"**, z napędem przeniesionym do centralnej części pojazdu. Nie zbudowano jednak żadnego prototypu, lecz jedynie drewniane makiety w skali 1:10. Przykładem takiego projektu może być pojazd opracowany przez *Kruppa* datowany 24 listopada 1944 roku.

Planowano także montowanie armaty w sztywnym łożu, zbliżonym konstrukcyjnie do łoża armaty kalibru 75 mm, zastosowanym w **„Hetzerze"**, jednak zamocowanie cięższej armaty kalibru 88 mm nie sprawdziło się tak dobrze jak w przypadku armaty mniejszego kalibru.

Panzerbefehlswagen „Jagdpanther", widok z tyłu. *Panzerbefehlswagen "Jagdpanther", rear view.* **[Tank Museum]**

Panzerjäger 8,8 cm Pak 43 auf Fgst „Panther" – „Jagdpanther" Sd Kfz 173, pojazd wczesnej serii produkcyjnej, widoczny wymontowany drugi peryskop kierowcy, armata Pak 43/2. *Early production "Jagdpanther" with single driver's periscope and Pak 43/2 gun.* **[Tank Museum]**

Panzerjäger 8,8 cm Pak 43 auf Fgst „Panther" – „Jagdpanther" Sd Kfz 173, pojazd zmontowany po wojnie w brytyjskim 823. Armoured Troops Workshop REME, Niemcy, 1945 rok. *"Jagdpanther" builit by 823rd Armoured Troops Workshop REME in Germany in 1945.* **[Tank Museum]**

Rok/miesiąc	MIAG	MNH	MBA
1943			
Październik	1 (V101)		
Listopad	1 (V102)		
1944			
Styczeń	5		
Luty	7		
Marzec	8		
Kwiecień	10		
Maj	10		
Czerwiec	6		
Lipiec	15		
Sierpień	14		
Wrzesień	21		
Październik	8		
Listopad	35	20	
Grudzień	37	14	16
1945			
Styczeń	35	35	2
Luty	22	20	
Marzec	32	13	7
Kwiecień	3	10?	12?
Razem	270	112?	37? = 415+
1945 (jesień)		3?*	

* pojazdy zmontowane przez Brytyjczyków z podzespołów zgromadzonych w zakładach MNH

Produkcja „Jagdpanther". *"Jagdpanther" SP gun production.*

OPIS KONSTRUKCJI

KADŁUB I NADBUDOWA

Kadłub spawany z płyt stalowych, walcowanych utwardzanych powierzchniowo przez nawęglanie (cementowanie). Rysunek przedstawia schemat opancerzenia pojazdu. Masa opancerzenia wynosiła ok. 17 000 kg. Kadłub (wanna) i nadbudowa były tak ukształtowane, że poszczególne płyty znajdowały się pod różnym kątem, co osłabiało energię uderzenia pocisków. Stosowano system łączenia płyt opracowany dla czołgu **„Panther"** polegający na stosowaniu „zakładek" usztywniających połączenie.

Wykorzystano standardową wannę kadłuba czołgu **PzKpfw V „Panther" Sd Kfz 171**. Z przodu kadłuba mieścił się przedział transmisji, skrzynia przekładniowa. Dalej znajdowało się stanowisko kierowcy – po lewej stronie i strzelca-radiotelegrafisty. Radiotelegrafista był jednocześnie strzelcem przedniego karabinu maszynowego typu *MG 34* kalibru 7,92 mm. Kierowca prowadził pojazd za pomocą dźwigni służących do włączania przekładni bocznych. Dźwignia zmiany biegów i hamulca pomocniczego znajdowała się po prawej stronie. Na obu bokach fotela znajdowały się też dźwignie awaryjnego sterowania przekładniami bocznymi. Kierowca dysponował w konsoli zestawem wskaźników pracy silnika obrotomierzem wyskalowanym w zakresie od 0 do 3500 obrotów na minutę (od 0 do 2500 oznaczony kolorem zielonym, zaś od 2500 do 3500 obr./min czerwonym), termometrem cieczy chłodzącej silnik 40-120°C,, wskaźnikiem ciśnienia oleju do 12 hPa, prędkościomierzem, kompasem i zegarem czasowym umieszczonnymi w konsoli znajdującej się po prawej stronie fotela. Obserwację terenu prowadził przez pojedynczy (podwójny) ruchomy peryskop zamocowany do

Panzerbefehlswagen „Jagdpanther" ze Stab 559. schwere Heeres Panzerjäger Abteilung, widok z boku. Widoczne trafienia pociskami 17-funtowymi kalibru 76 mm. Obecnie pojazd jest prezentowany w Imperial War Museum. *Panzerbefehlswagen "Jagdpanther" of Stab 559th schwere Heeres Panzerjäger Abteilung. Note four penetration on side armour. Now this vehicle is preserved in IWM London.* **[Tank Museum]**

płyty czołowej opancerzenia nadbudowy. W pojazdach późniejszych serii produkcyjnych fotel kierowcy podniesiono o 50-75 mm.

Po drugiej stronie skrzyni przekładniowej, po prawej stronie znajdowało się stanowisko strzelca-radiotelegrafisty. Radiostacja była zamontowana na półce mocowanej do prawego pancerza bocznego wanny kadłuba pojazdu. Strzelec-radiotelegrafista miał do obserwacji tylko celownik *Kgf 2* karabinu maszynowego. Uzbrojenie stanowił karabin maszynowy *MG 34* kalibru 7,92 mm, w miejsce kolby wyposażony w uchwyt pistoletowy. Amunicja 8 ładowników po 75 naboi była mocowana w specjalnych uchwytach po obu stronach stanowiska.

Środkową część pojazdu zajmował przedział bojowy mieszczący parki amunicyjne pocisków kalibru 88 mm, armatę *8,8 cm Pak 43/2* lub *Pak 43/3 L/71* z lawetą i mechanizmem powrotnym, oraz stanowiska załogi – ładowniczego, celowniczego, i dowódcy działa samobieżnego. Przedział bojowy był nakryty stałą nadbudową. Na wierzchu nadbudowy znajdowały się dwa okrągłe włazy członków załogi działa samobieżnego. Z tyłu nadbudowy były umieszczone jednoczęściowe, prostokątne drzwi, służące do ewakuacji i załadunku amunicji i dodatkowo okrągły mały właz służący do wyrzucania łusek. Z tyłu kadłuba znajdował się przedział silnikowy pojazdu, oddzielony od przedziału bojowego przegrodą ogniową. Tył kadłuba był cakowicie ,,zapożyczony" z czołgu **„Panther"**.

W niektórych pojazdach z tyłu nadbudowy, mocowany był zasobnik na części zapasowe. Dwa zasobniki były mocowane do tylnego opancerzenia wanny kadłuba pojazdu. Niektóre pojazdy wczesnych serii produkcyjnych miały zasobniki mocowane także do tylnego pancerza nadbudowy. Na wierzchu nadbudowy były zamontowane celowniki, wentylator, peryskopy – ruchome i stałe oraz *Nahvertigungswaffe.*

Panzerbefehlswagen „Jagdpanther" widok z góry. *Panzerbefehlswagen "Jagdpanther", top view.* **[Tank Museum]**

UKŁAD NAPĘDOWY

Działa samobieżne typu **„Jagdpanther"** były napędzane silnikami typu *Maybach HL 230 P 30* produkcji zakładów *Maybach* w Friedrichshafen i *Auto-Union AG* w Chemnitz.

Był to dwunastocylindrowy silnik rzędowy, gaźnikowy, kąt rozwarcia bloków cylindrów wynosił 60°, chłodzony cieczą, górnozaworowy. Średnica cylindra wynosiła 130 mm, a skok tłoka 145 mm, pojemność skokowa 23095 cm^3. Tłoki żeliwne, korpus silnika wykonany z aluminium, luz tłoka wynosił 0,14-0,16 mm, a luz zaworowy 0,35 mm. Stopień sprężania wynosił 1:6,8, moc silnika *HL 230 P30* wynosiła 515 kW (700 KM) przy 3000 obr./min i 441 kW (600 KM) przy 2500 obr./min. Masa suchego silnika wynosiła 1280 kg, a wymiary: długość 1310 mm, szerokość 1000 mm i wysokość 1190 mm. Stopień sprężania wynosił 6,8:1.

Silnik był chłodzony cieczą. Dwie chłodnice umieszczone były po obu bokach silnika pojazdu, chłodnica miała wymiary 324x522x200 mm, powierzchnia czołowa chłodnicy wynosiła 1600 cm^2. Maksymalna temperatura cieczy chłodzącej silnik wynosiła 90°C, a normalna 80°C. Przepływ cieczy chłodzącej silnik zapewniała pompa ślimakowa typu *Pallas*. Pojemność układu chłodzenia wynosiła 132 dm^3.

Cyrkulację powietrza w komorze silnikowej, chłodzenie, dopływ powietrza do gaźników zapewniały dwa podwójne wentylatory typu *Zyklon* o średnicy 520 mm, prędkość obrotowa wentylatorów mieściła się w zakresie od 2680 do 3765 obr./min. Napęd wentylatora za pomocą stożkowego koła zębatego połączonego z wałkiem przegubowym. Każdy wentylator był zaopatrzony w dwa filtry powietrza. Wentylatory i filtry produkowała firma *Mann und Hummel* w Ludwigsburgu.

Na wierzchu komory silnikowej znajdowały się dodatkowo cztery prostokątne otwory wentylacyjne zabezpieczone siatką.

Silnik posiadał cztery gaźniki, dwustopniowe, dwugardzielowe typu *Solex 52 JFF IID*. Paliwo benzyna etylizowana *OZ 74* o liczbie oktanowej 74 była dostarczana z sześciu zbiorników o łącznej pojemności 720 (lub 700) litrów.

„Jagdpanther" Sd Kfz 173, pojazd zmontowany po wojnie w brytyjskim 823. Armoured Troops Workshop REME, Niemcy, 1945 rok. *"Jagdpanther" builit by 823rd Armoured Troops Workshop REME in Germany in 1945.* **[Tank Museum]**

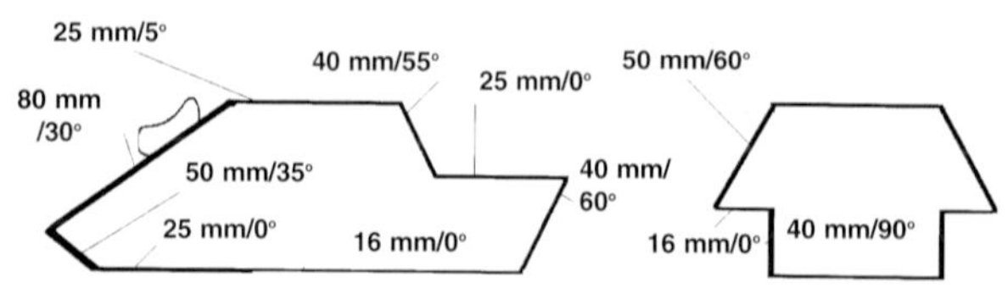

Schemat opancerzenia. *Armour scheme.*

Panzerjäger 8,8 cm Pak 43 auf Fgst „Panther" – „Jagdpanther" Sd Kfz 173, pojazd wczesnej serii produkcyjnej, widoczne wyposażenie dodatkowe mocowane do boka nadbudowy pojazdu: liny holownicze, korba rozruchowa, narzędzia saperskie, zasobniki. *Early production "Jagdpanther", side view. Note extra equipment fitted to side of the superstructure.* **[Tank Museum]**

Widok płyty silnikowej „Jagdpanthery" wczesnej serii produkcyjnej („Panther" Ausf. A), muzeum w Saumur. Widoczne osłonięte siatkami wloty powietrza do silnika, tylny właz. Brakuje dwóch gumowych odbojnic mocowanych centralnie na płycie silnikowej. *Engine deck of early production "Jagdpanther" SP gun preserved at museum in Saymur, France. Note "Panther" Ausf. A engine deck.* **[MK Editions]**

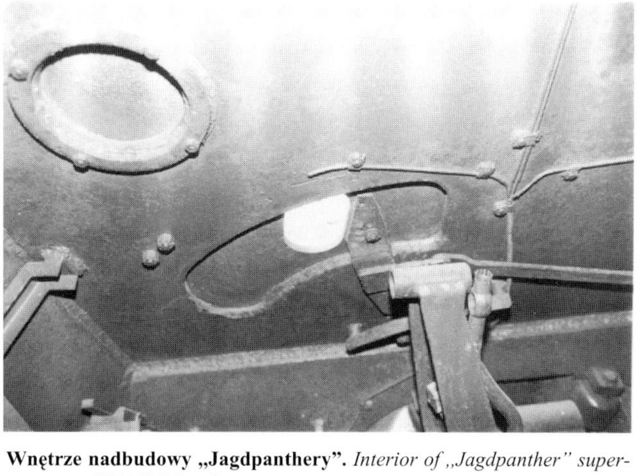

Wnętrze nadbudowy „Jagdpanthery". *Interior of „Jagdpanther" superstructure.* **[MK Editions]**

Dwuczęściowy właz ładowniczego, z przodu widoczny ruchomy peryskop. *Loader's hatch and periscope.* **[MK Editions]**

Dopływ paliwa zapewniały pompy paliwowe typu *Solex* i awaryjna pompa ręczna. Po prawej stronie silnika znajdował się zbiornik oleju. Pompa olejowa była napędzana przez silnik. Do nasmarowania suchego silnika było potrzeba 42 dm^3, zaś do wymiany 32 dm^3 oleju.

Przeniesienie napędu od silnika do skrzyni przekładniowej odbywało się za pomocą dwóch wałów Cardana.

Skrzynia przekładniowa mechaniczna, półautomatyczna, z preselekcją typu *ZF AK 7-400* (wzmocniona) produkcji *Zahnradfabrik AG* w Friedrichshafen, *Waldwerke Passau* i *Adlerwerke* Frankfurt/Main, posiadała siedem biegów do jazdy do przodu i bieg wsteczny. Skrzynia biegów była sterowana hydraulicznie, dźwignia zmiany biegów była umieszczona po prawej stronie stanowiska kierowcy. II i VII bieg były zsynchronizowane. Sprzęgło wielotarczowe typu *Fichtel & Sachs* (Schweinfurt) *LAG 3/70H*, suche sterowane hydraulicznie.

Mechanizm kierowniczy typu *MAN* składał się z przekładni głównej, przekładni planetarnej, przekładni bocznej oraz zwolnicy. Hamulce typu *LG 900*, hydrauliczne, hamulec pomocniczy (ręczny) typu *MAN*. Dźwignia hamulca pomocniczego była umieszczona z prawej strony fotela kierowcy.

PODWOZIE

W podwoziu koła jezdne (3x8 kół) były zamocowane na 16 niezależnie amortyzowanych drążkach skrętnych o średnicy 60-63 (średnica głowicy drążka wynosiła 90 mm). Koła napinające i napędowe były produkowane przez *Bergische Stahlindustrie* w Remscheid, *Bochumer Verein* w Bochum,

Wnętrze nadbudowy, widoczna armata 8,8 cm Pak 43/2 – na pierwszym planie zamek i oporopowrotniki. [Poniżej] Nadbudowa. 1 – podstawa celownika Sfl ZF5, 2 – ruchomy peryskop, 3 – właz ładowniczego, 4 – wentylator, 5 – właz dowódcy i celowniczego, 6 – stały peryskop, 7 – Nahvertigungswaffe. *Interior of the superstructure. Note 8.8 cm Pak 43/2 gun. [Below] Superstructure. 1 – Sfl ZF5 telescope mount, 2 – front movable periscope, 3 – loader's hatch, 4 – ventilator, 5 – gunner's and commander's hatch, 6 – fixed periscope, 7 – Nahvertigungswaffe.*

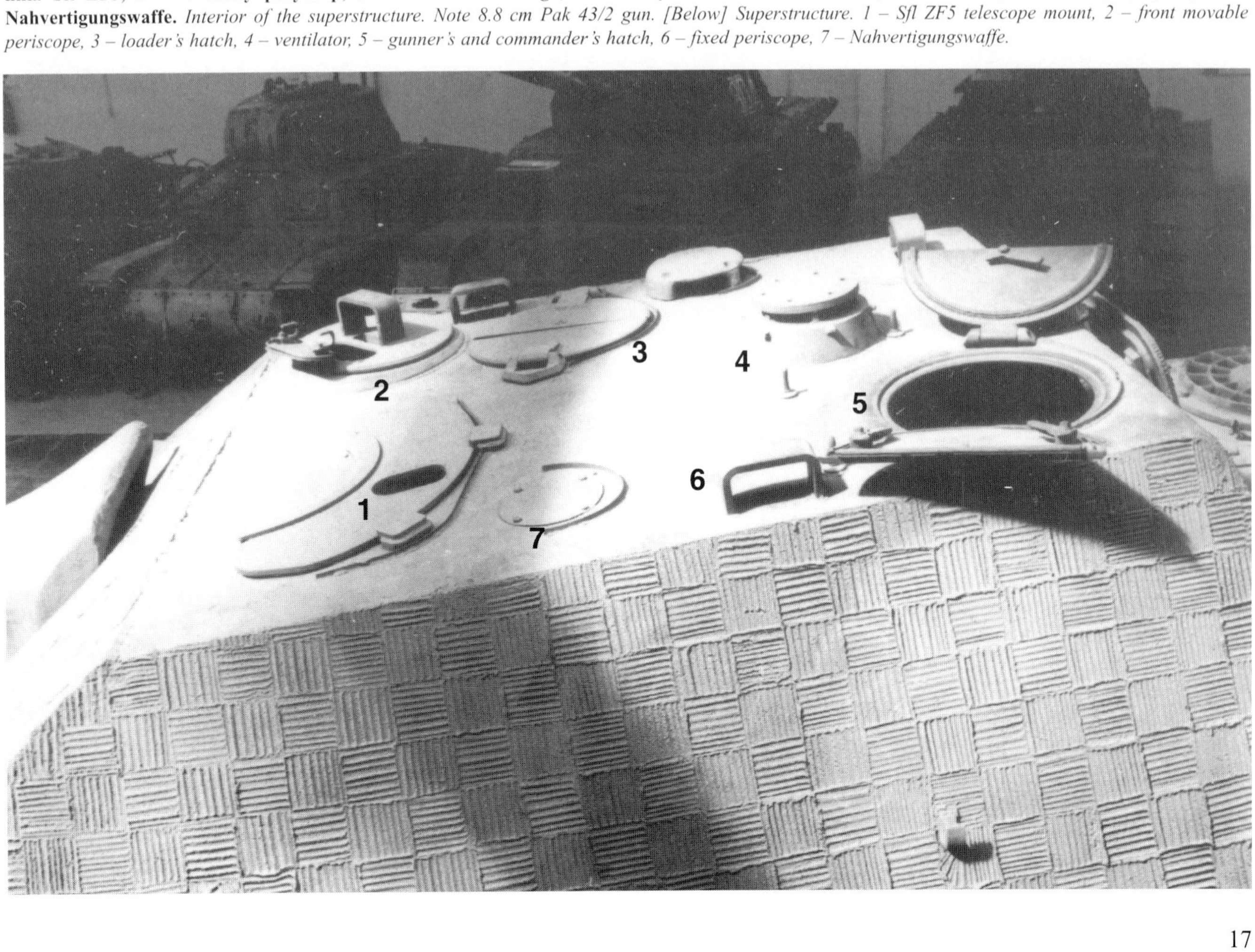

Karcher & Co. w Worms, *Ruhrstahl AG* i zakładach *Dingler*. Koła jezdne o średnicy 860x100 mm były wykonane z blachy stalowej o grubości 4 mm i były wyposażone w bandaż gumowy. Zewnętrzny i wewnętrzny rząd kół posiadał pojedyncze koła, zaś środkowy podwójne. Maksymalne ugięcie koła jezdnego wynosiło aż 510 mm. Nacisk koła jezdnego na grunt wynosił 1410 N/cm^3. Statyczny wskaźnik sztywności koła wynosił 8 mm/kg. Ponadto pojazd był wyposażony w jedno małe kółko podtrzymujące zamontowane z przodu pojazdu zaraz za kołem napędowym. Koło napędowe o średnicy 821 mm (do podstawy zębów napędowych) wyposażone w 17 zębów. Między 2 i 7 wachaczem były zamontowane dwa amortyzatory firmy *Siepmann HT*. Od końca 1944 roku nie montowano tylnego amortyzatora. Z tyłu kadłuba koło napinające wyposażone w śrubowy mechanizm napinający. W pojazdach późnych serii montowano koła napinające o średnicy 660 mm wyposażone w specjalne ożebrowanie uniemożliwiające gromadzenie się ziemi wewnątrz koła.

Smarowanie podwozia ciśnieniowe zamknięte. Gąsienice dwugrzebieniowe, drobnoogniwkowe typu *Kgs 64/660/150*. Szerokość taśmy gąsienicy wynosiła 660 mm, długość sworznia łączącego ogniwa gąsienic 555 mm, a średnica sworznia 20 mm. Ogniwa gąsienic były wykonane ze stali manganowej. Na gąsienice mogły być montowane wkładki antypoślizgowe, ułatwiające poruszanie dię po śniegu i lodzie. Producentami gąsienic były zakłady *Trackenwerke* w Hamburgu. Długość oporowa gąsienicy wynosiła 3920 mm, szerokość 660 mm. Każda taśma miała 86 ogniw (od października 1944 roku montowano 87 ogniw w każdej taśmie). Prześwit wynosił 560 mm.

Górny odcinek biegu gąsienicy był osłonięty ekranami pancernymi tzw. *Schürtzen* wykonanymi z blachy o grubości 5 mm.

Mechanizm kierowniczy dwustopniowy typu *H & S L 801*. Przekładnia planetarna była montowana za przekładnią zwykłą, przełożenie przekładni bocznej 1:12,56. Hamulce mechaniczne typu *Argus* produkowane przez *Süddeutsche Arguswerke* w Karlsruhe.

INSTALACJA ELEKTRYCZNA

Instalacja elektryczna, jednoprzewodowa, o napięciu znamionowym 12 V, zasilana była z prądnicy *Bosch GTLN 700/12-1500 L1* o mocy 0,7 kW. Prąd elektryczny dostarczały też dwa akumulatory ołowiowe typu *Bosch 12B 150* o pojemności 150 A/h i napięciu 12 V umieszczone pod podłogą przedziału bojowego. Rozrusznik elektryczny typu *Bosch BPD 6/24* ARS 15 o mocy 4,4 kW (6 KM) i napięciu 24 V. Zapłon elektryczny, dwa iskrowniki typu *Bosch JGN 6R 18*. Kolejność zapłonu 12-11-8-5-10-3-7-6-1-2-9-4. Stosowano świece zapłonowe typu *Bosch W 225T1*.

Oprócz rozruchu elektrycznego można było stosować rozrusznik bezwładnościowy *Bosch AL/ZM 1* i rozruch za pomocą korby poruszanej przez dwóch członków załogi. W warunkach zimowych w pojazdach późniejszych serii produkcyjnych można było montować specjalny silnik dwusuwowy połączony z wałem. Do rozruchu były też przystosowane **„Kübelwageny"**. Różne sposoby rozruchu działa samobieżnego **„Jagdpanther"** przedstawiono na rysunku. Korba była najczęściej mocowana do boku nadbudowy.

Panzerjäger 8,8 cm Pak 43 auf Fgst „Panther" – „Jagdpanther" Sd Kfz 173, pojazd późnej serii produkcyjnej wysłany w 1945 roku do USA. *Late production Panzerjäger 8.8 cm Pak 43 auf Fgst "Panther" – „Jagdpanther" Sd Kfz 173 shipped in 1945 to the USA.* **[Tank Museum]**

„Jagdpanther" stanowisko celowniczego. Widoczne pokrętła zmiany położenia armaty 8,8 cm Pak 43 L/71. *Gunner's position.* **[MK Editions]**

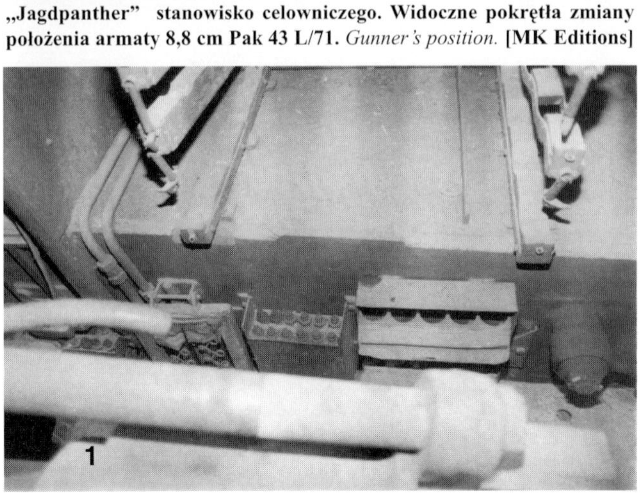

1 – prawy park amunicyjny wewnątrz nadbudowy, pośrodku zasobnik na naboje sygnałowe (rakiety), 2 – ruchomy peryskop umieszczony z przodu nadbudowy, 3 – dwuczęściowy właz ładowniczego. *1 – right side ammo rack, 2 – front loader's periscope, 3 – loader's hatch.*

The author wish to acknowledge the kind assistance which was received from the following people in the preparation of this book:

Mr. Hilary Louis Doyle, Rep. of Ireland

Mr. G. Deygas, MK Editions, France

Płyta silnikowa, widoczna osłona wentylatora, zawiasa włazu ewakuacyjnego. *Engine deck and rear evacuation hatch.* **[MK Editions]**

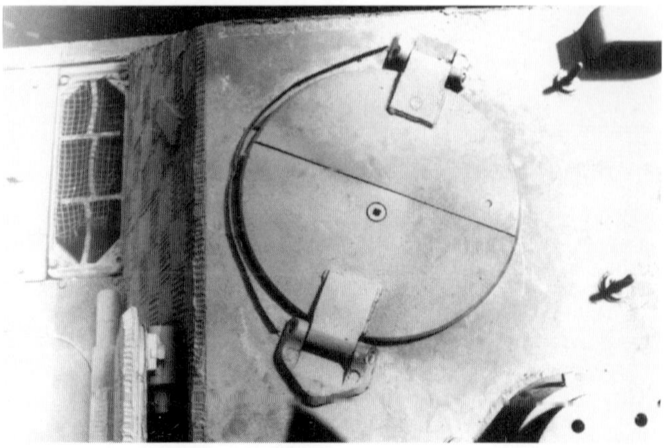

Dwuczęściowy właz celowniczego i dowódcy, po lewej stronie widoczny zmniejszony (niż w czołgu „Panther") prostokątny wlot powietrza do silnika. *Gunner's and commander' hatch and engine air intake.* **[MK Editions]**

Panzerjäger 8,8 cm Pak 43 auf Fgst „Panther" – „Jagdpanther" Sd Kfz 173 z 654. schwere Heeres Panzerjäger Abteilung, poligon Mailly-le-Camp, Francja, wiosna 1944 rok. Pojazd wczesnej serii produkcyjnej. *Very early Panzerjäger 8.8 cm Pak 43 auf Fgst "Panther" – "Jagdpanther" Sd Kfz 173 of 654. schwere Heeres Panzerjäger Abteilung, Mailly-le-Camp proving ground, France, Spring 1944.*

Instalacja elektryczna, obok rozruchu pojazdu, służyła do podświetlania celowników i przyrządów kontrolnych, sygnału dźwiękowego, reflektora umieszczonego na lewym błotniku, świateł szlakowych typu *Notek*, napędu wentylatora, spustu działa i karabinu maszynowego.

UZBROJENIE

Podstawowe uzbrojenie działa samobieżnego **„Jagdpanther"** stanowiła skonstruowana w latach 1939-1943 armata 8,8 cm *Pak 43/2* lub *8,8 cm Pak 43/3 L/71* kalibru 88 mm. Długość lufy armaty wynosiła 6300 mm czyli 71 kalibrów, całkowita 6595 mm. Lufa gwintowana posiadała 32 bruzdy prawoskrętnych o głębokości 1,2 mm i szerokości 5,04 mm +0,6 mm. Zamek klinowy.

Armata mogła się przemieszczać w pionie w zakresie od -8° do +14°, zaś na boki po 13° w lewą i w prawą stronę. Armata była wyposażona w hydrauliczny oporopowrotnik. Normalny odrzut wynosił 380 mm, zaś maksymalny 580 mm (przy takiej wielkości odrzutu zalecana była przerwa – *Feuer Pause*). Masa całkowita armaty 2265 kg. Odpalanie elektromagnetyczne za pomocą przycisku na stanowisku celowniczego. Armata strzelała pociskami przeciwpancernymi *PzGr 39/1* o masie całkowitej 10,2 kg i prędkości początkowej 1000 m/sek. Pocisk z odległości 500 metrów przebijał pancerz czołowy o grubości 185 mm, 1000 metrów 165 mm ,a z odległości 2000 metrów aż 132 mm. Oznacza to po prostu, że **„Jagdpanther"** mógł w zasadzie bezkarnie „masakrować" wozy bojowe przeciwnika, bez narażania się na zniszczenie ogniem ich armat. Pociski przeciwpancerne podkalibrowe typu *PzGr 40/43* o masie 7,5 kg i prędkości początkowej 1130 m/sek w odległości 2 kilometrów przebijały pancerz o grubości 153 mm, zaś na dystansie pół kilometra aż 217 mm, czyli, żaden aliancki pojazd pancerny mnie miał szansy w walce z **„Jagdpantherą"**. Ponadto stosowano pociski burzące *Spr Gr 43* o masie 9,4 kg (ładunek miotający 1 kg) i prędkości początkowej pocisku 750 m/sek. Zapas amunicji działowej wynosił 57 (potem 59) naboi.

Pociski były mocowane w specjalnych zaczepach na podłodze przedziału bojowego i bocznych ścianach nadbudowy pojazdu. W pozycji marszowej lufa armaty była wzniesiona o 7°.

Panzerjäger 8,8 cm Pak 43 auf Fgst „Panther" – „Jagdpanther" Sd Kfz 173, zamek armaty 8,8 cm Pak 43/2 L/71. *8.8 cm Pak 43/2 L/71 gun.* **[MK Editions]**

Dodatkowe uzbrojenie stanowił karabin maszynowy *Rheinmetall-Borsig MG 34* kalibru 7,92 mm z zapasem amunicji 600 naboi (8 ładowników) umieszczony w jarzmie kulistym tzw. *Kugelblende 80*. Karabin maszynowy posiadał celownik *Kgf 2* o 1,8 krotnym powiększeniu. W pionie przemieszczał się w zakresie od -10° do +15°, zaś na boki po 5° w lewą i w prawą stronę. Wystrzelone łuski i ogniwka taśmy nabojowej były gromadzone w specjalnym mieszku umieszczonym pod karabinem maszynowym.

Uzbrojenie dodatkowe to wyrzutnia *Nahverteidungswaffe* pozwalająca na wystrzelenie granatów odłamkowych *Sprenggranatpatrone 326Lp*, dymnych – *Schnellnebelkerzen 39* lub sygnałowych *Rauchsichtzeichen Orange 160* lub oświetlających *Leuchtgeschossen R*. Granaty wystrzeliwano pod kątem 50°, wyrzutnia mogła wykonać obrót 360°, promień rażenia granatów odłamkowych wynosił 100 m.

Zmodyfikowane koło napinające. *Modified idler wheel.* **[MK Editions]**

Koło napędowe. *Front track sprocket wheel.* **[MK Editions]**

Armata 8,8 cm Pak 43/2 L/71. *8.8 cm Pak 43/2 L/71 gun.* **[MK Editions]**

„Jagdpanther" – widok z tyłu. *"Jagdpanther" – rear view.* **[MK Editions]**

Panzerjäger 8,8 cm Pak 43 auf Fgst „Panther" – „Jagdpanther" Sd Kfz 173, jarzmo armaty, pojazd wczesnej serii produkcyjnej. *Early Panzerjäger 8.8 cm Pak 43 auf Fgst "Panther" – "Jagdpanther" Sd Kfz 173 SP gun. Gun mauntlet.* **[MK Editions]**

Panzerbefehlswagen „Jagdpanther" numer „01" ze sztabu 559. schwere Heeres Panzerjäger Abteilung, front zachodni, jesień 1944 roku. Pojazd wczesnej serii produkcyjnej. Zwraca uwagę nietypowe oznaczenie „I" na boku nadbudowy. *Panzerbefehlswagen "Jagdpanther" No "01" of Stab 559th schwere Heeres Panzerjäger Abteilung, Western Front, 1944. Note early vehicle with single-piece "monoblock" gun barrel.* **[Tank Museum]**

CELOWNIKI

Działa samobieżne **„Jagdpanther"** były wyposażone w celoniki typu *Sfl ZF5*, a późniejsze pojazdy w celownik *WZF 1/4*. Pierwszy typ celownika to celownik teleskopowy, jednoobiektywowy o trzykrotnym powiększeniu, pole widzenia wynosiło 8°. Celownik był wyskalowany w zakresie do 3000 metrów dla pocisków *PzGr 39/1* i 5300 metrów dla podkalibrowych *PzGr 40/43*. Celownik pozwalał na naprowadzanie armaty (kierunek) do 15 300 metrów.

W pojazdach późniejszych serii produkcyjnych stosowano celownik *WZF 1/4* teleskopowy, jednoobiektywowy o dziesięciokrotnym powiększeniu, pole widzenia wynosiło 7°. Celownik był wyskalowany w zakresie do 4000 metrów dla pocisków *PzGr 39/1* i 2400 metrów dla podkalibrowych *PzGr 40/43* oraz 3400 m dla pocisków burzących.

RADIOSTACJA

Działa samobieżne **„Jagdpanther"** były wyposażone w radiostację typu *FuG 5* z nadajnikiem typu *„c"*, o mocy 10 W pracującym w paśmie 27200300-33 MHz oraz pracującym w tym paśmie odbiornikiem typu *Fu 2* typ *„e"*. Zasięg radiostacji wynosił 6,4 km przy nadawaniu fonią i do 9,4 km kluczem.

Działa samobieżne **Panzerbefehlswagen „Jagdpanther"** były wyposażone w dodatkową radiostację *FuG 8* o mocy 30 W (nadajnik typ *„a"* i odbiornik typ *„c"*) i zasięgu od 10 km (fonia) do 50-80 km (klucz). Nadajnik pracował na falach średnich o częstotliwości 1130-3000 kHz, odbiornik typu *„c"* – 835-3000 kHz lub typu *„d"* o częstotliwości 580-3000 kHz

Radiostacja *FuG 5* pracowała z anteną prętową o długości 2 m, zaś *FuG 8* z anteną radiową typu „gwiazda" (*Sternantenne type „d"*) o długości 1,4 metra. Ten ostatni typ anteny był mocowany na podstawie (*Antenenfuss Beweglich Nr 1*) o średnicy 104 mm z osłoniętym izolatorem porcelanowym. Przy każdym stanowisku bojowym znajdowała się końcówka systemu łączności wewnętrznej typu *FuG Spr.*

INSTALACJA PRZECIWPOŻAROWA

Działa samobieżne **„Jagdpanther"** były wyposażone w automatyczną instalację przeciwpożarową. W przypadku, gdy w przedziale silnikowym temperatura przekraczała 120°C bimetaliczne czujniki termiczne automatycznie włączały gaśnicę, która środkiem gaśniczym typu *CB* pokrywała pompy paliwowe i gaźnik, druga gaśnica pokrywała korpus silnika. Na podłodze przedziału bojowego były zamontowane dodatkowe trzy małe gaśnice tetrowe. W warunkach bojowych dodatkowo montowano kilka zapasowych gaśnic, które były rozmieszczone wewnątrz przedziału bojowego.

WYPOSAŻENIE DODATKOWE

Wyposażenie dodatkowe były mocowane do nadbudowy, błotników i wanny kadłuba pojazdu. Na lewym boku nadbudowy były mocowane liny holownicze, zaczep holowniczy, łopatę i nożyce do cięcia drutu. Na prawym boku nadbudowy pojazdu były mocowane kilof, łom, gaśnica (zewnętrzna), zaczep holowniczy, nożyce do cięcia drutu.

Na lewym boku kadłuba przewożony był zasobnik z wyciorem armaty. Zapasowe ogniwa gąsienic były mocowane do tylnej części nadbudowy. Część wyposażenia, jak niektóre części zapasowe, przyrządy optyczne, apteczka były mocowane wewnątrz przedziału bojowego.

ORGANIZACJA JEDNOSTEK

Działa samobieżne **„Jagdpanther"** trafiły do wyposażenia tylko kilku batalionów niszczycieli czołgów.

Pierwszą i jedyną jednostką tego typu, uzbrojoną całkowicie w **„Jagdpanthery"**, był sformowany w sierpniu 1943 roku 654. *schwere Heeres Panzerjäger Abteilung*. Pierwsze pięć pojazdów zasiliło jednostkę w styczniu 1944 roku. Początkowo do jednostki nie docierał sprzęt bojowy, dlatego kierowcy byli szkoleni z wykorzystaniem pojazdów ewakuacyjnych **„Bergepanther"**. W lutym 1944 roku batalion otrzymał 8 **„Bergepanther"**. Kolejna dostawa wozów bojowych dotarła do jednostki dopiero w kwietniu 1944 roku. 28 kwietnia drogą kolejową do batalionu dotarło 8 **„Jagdpanther"**.

Batalion posiadał organizację opartą o etat *K.St.N 1149c* z 1 marca 1944 roku. Kompania liczyła 14 pojazdów, w dowództwie kompanii były dwie **„Jagdpanthery"**. Do dowództwa batalionu były przydzielone dwa pojazdy z dodatkowymi radiostacjami, czyli **Panzerbefehlswageny „Jagdpanther"** (etat *K.St.N 1154a* z 1 marca 1944 roku).

Inna była natomiast organizacja innych jednostek tego typu. **„Jagdpanthery"** trafiły też do formowanych kolejnych batalionów: 559. batalionu powstałego w ośrodku szkoleniowym jednostek dział samobieżnych w Mielau, 519. Batalionu oraz 560. i 655. Batalionu. Wszystkie wyżej wymienione jednostki posiadały **„Jagdpanthery"** tylko w składzie jednej (najczęściej 1.) kompanii. Uzbrojenie pozostałych dwóch kompanii stanowiły działa szturmowe **Sturmgeschütz 40** lub działa samobieżne **Jagdpanzer IV/70** posiadające armaty kalibru 75 mm, a nie 88 mm. Organizacja tych jednostek była prawie identyczna jak 654. Batalionu. Tylko dwa bataliony 560. i 655. *sHPzJägAbt* miały zamiast 28 dział 31 dział samobieżnych **Jagdpanzer IV/70**.

DZIAŁANIA BOJOWE

Pierwszą jednostką uzbrojoną w działa samobieżne **„Jagdpanther"** był 654. Batalion formowany na przełomie 1943-1944, który otrzymywał większość wyprodukowanych pojazdów tego typu.

Jednak nawet i tak priorytetowe dostawy nie były w stanie zaspokoić potrzeb jednostki. Sformowano zatem tylko dwie kompanie. 11 czerwca 2. kompania miała 13 pojazdów, a sztab dwa **Panzerbefehlswageny „Jagdpanther"**. 15 czerwca osiem pojazdów 2. kompanii 654. załadowano na platformy kolejowe i wysłano na nowo powstały front zachodni, do Normandii. Po wyładunku we Francji, w nocy, **„Jagdpanthery"** z 2. kompanii dołączyły do elitarnej *Panzer-Lehr Division*. 1 lipca całkowicie uzbrojone były jedynie 2. i 3. kompanie. 1. kompania nie posiadała jeszcze dział samobieżnych. 17 lipca reszta 2. kompanii i 3. kompania zostały wysłane na front. Trafiły pod rozkazy XLVII. Korpusu Pancernego.

Warto jeszcze dodać, że początkowo zamiast brakujących **Panzerbefehlswagenów „Jagdpanther"** 654. Batalion używał trzech wozów dowodzenia typu **„Panther"**. 30 lipca dowódca XLVII. Korpusu Pancernego, do którego przydzielono część 2. oraz całą 3. kompanię 654. Batalionu meldował, że **„Jagdpanthery"** zniszczyły 25 czołgów, m.in. **„Churchilli" Mk. IV** z 6. *Guards Tank Brigade, Guards Armoured Division*. Straty jednostki wyniosły w lipcu trzy pojazdy (dwie **„Jagdpanthery"** i **Panzerbefehlswagen „Panther"**).

Na przełomie lipca i sierpnia jednostka została zasilona 16 pojazdami. Pozwoliło to na wyekwipowanie 1. kompanii. 10 sierpnia 1944 roku Brytyjczycy zdobyli lekko uszkodzony wóz z 3. kompanii oznaczony numerem „314"

Po walkach w rejonie Falaise w sierpniu 1944 roku 654. Batalion wycofał się za Sekwanę. Na promach przewieziono

Porzucona uszkodzona „Jagdpanthera" z 2. kompanii 654. sHPzJägAbt, Normandia, lipiec 1944 roku, pojazd wczesnej serii produkcyjnej.
An abandoned damaged "Jagdpanther" SP gun of 2nd Company 654th sHPzJägAbt, Normandy, July 1944. **[Tank Museum]**

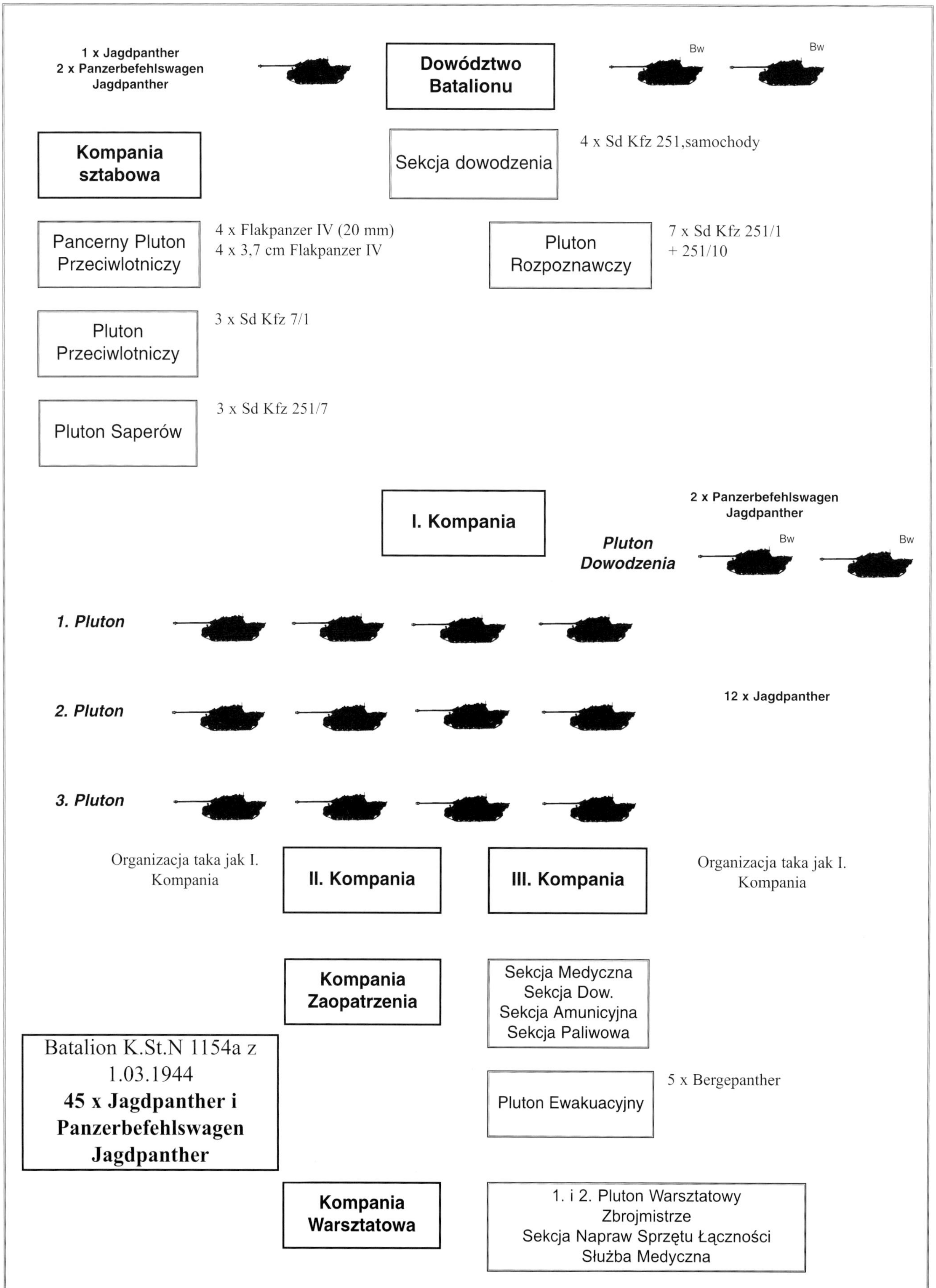

654. schwere Heeres Panzerjäger Abteilung (1944-1945)

„Jagdpanthery" z 2. kompanii 654. sHPzJägAbt w drodze na front, Bourgtheroulde, lipiec 1944 roku. *"Jagdpanthers" of 2nd Company 654th sHPzJägAbt en route to front, Bourgtheroulde, France, July 1944.*

Uszkodzona „Jagdpanthera" z 3. Kompanii 654. sHPzJägAbt, front zachodni, sierpień 1944 roku. *Damaged "Jagdpanther" of 3rd Company, 654th sHPzJägAbt, France, August 1944.* **[Tank Museum]**

23 pojazdy. 9 września 1944 roku jednostka została wycofana na poligon w Grafenwöhr w Niemczech. Z fabryki *MIAG* regularnie trafiały uzupełnienia: 14 października 9 pojazdów, 23 października siedem. 15 listopada do jednostki dotarło sześć kolejnych **„Jagdpanther"**.

W celu wzmocnienia obrony przeciwlotniczej jednostki jesienią 1944 roku batalion otrzymał osiem samobieżnych dział przeciwlotniczych na podwoziach czołgów **PzKpfw IV** – cztery z poczwórnie sprzężonymi 20 mm oraz cztery pojazdy uzbrojone w armaty kalibru 37 mm. Jednostka została też wyposażona w cztery **Bergepanthery**.

W ostatniej dekadzie listopada batalion walczył w ramach grupy armii „G" w Alzacji. Zniszczył 52 pojazdy pancerne przeciwnika. Straty wyniosły 18 pojazdów. 1 grudnia batalion miał sprawnych 25 **„Jagdpanther"**.

Na początku 1944 na poligonie w Mielau (Wicko) z części 525. *schewere Heeres Panzerjäger Abteilung* powstał 559. Batalion. Uzbrojenie początkowo składało się z **„Marderów" III**. W marcu do szkoły dział samobieżnych w Mielau dostarczono dwie **„Jagdpanthery"**. W maju jednostka dostała dalsze pięć pojazdów tego typu. Pod koniec sierpnia batalion uzupełniono 11 **„Jagdpantherami"** i 28 działami szturmowy-

Panzerbefehlswagen „Jagdpanther" ze Stab. 559. sHPzJägAbt zniszczony w Belgii nad kanałem Alberta 13 września 1944 roku. *Panzerbefehlswagen "Jagdpanther" of Stab 559th sHPzJägAbt destroyed near Albert Canal in Belgium 13 September 1944.* **[Airborne Forces Museum]**

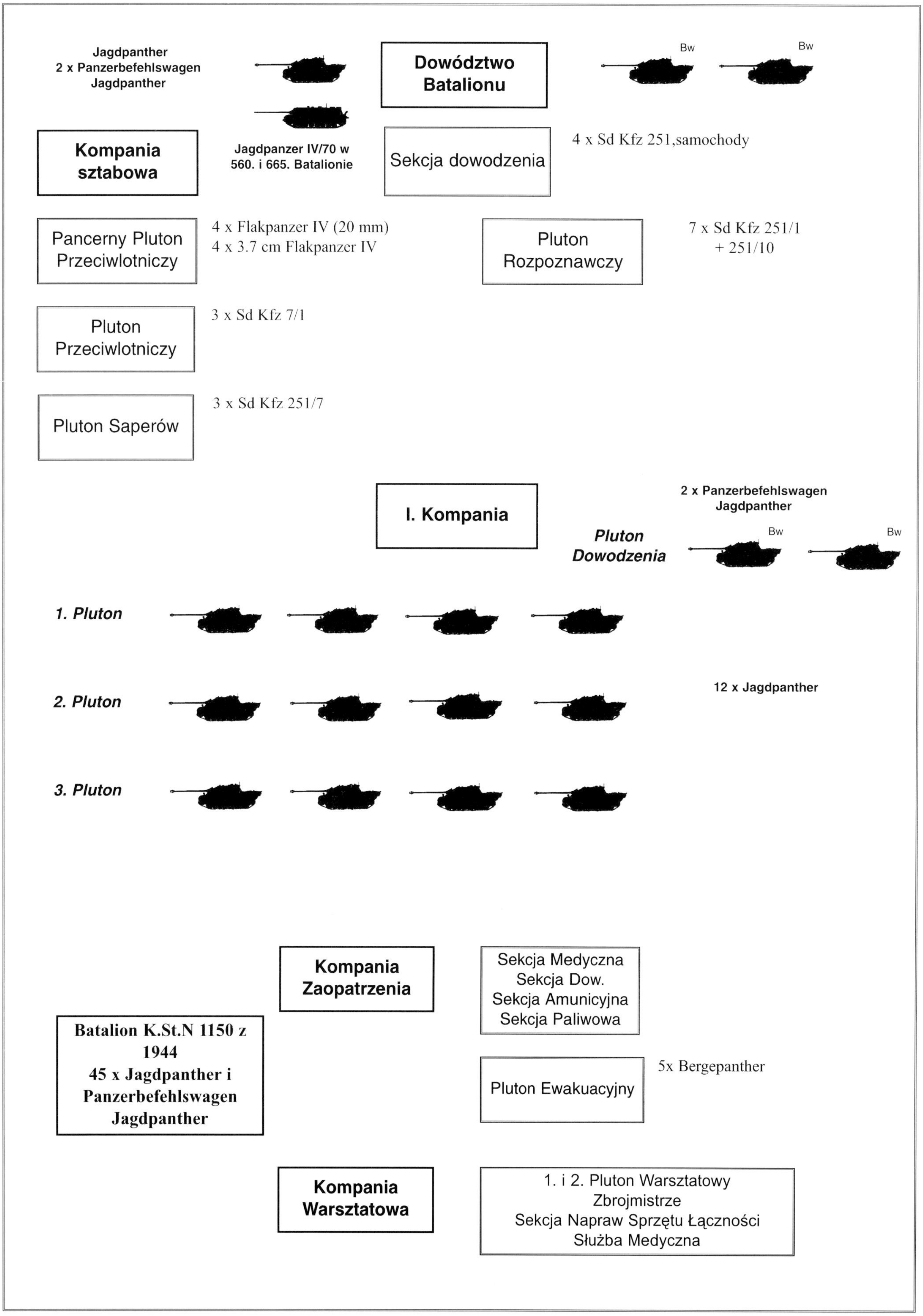
Jagdpanther
2 x Panzerbefehlswagen
Jagdpanther
Dowództwo Batalionu
Bw
Bw
Kompania sztabowa
Jagdpanzer IV/70 w
560. i 665. Batalionie
Sekcja dowodzenia
4 x Sd Kfz 251,samochody
Pancerny Pluton Przeciwlotniczy
4 x Flakpanzer IV (20 mm)
4 x 3.7 cm Flakpanzer IV
Pluton Rozpoznawczy
7 x Sd Kfz 251/1
+ 251/10
Pluton Przeciwlotniczy
3 x Sd Kfz 7/1
Pluton Saperów
3 x Sd Kfz 251/7
I. Kompania
2 x Panzerbefehlswagen
Jagdpanther
Pluton Dowodzenia
Bw
Bw
1. Pluton
2. Pluton
3. Pluton
12 x Jagdpanther
Kompania Zaopatrzenia
Sekcja Medyczna
Sekcja Dow.
Sekcja Amunicyjna
Sekcja Paliwowa
Batalion K.St.N 1150 z 1944
45 x Jagdpanther i Panzerbefehlswagen Jagdpanther
Pluton Ewakuacyjny
5x Bergepanther
Kompania Warsztatowa
1. i 2. Pluton Warsztatowy
Zbrojmistrze
Sekcja Napraw Sprzętu Łączności
Służba Medyczna

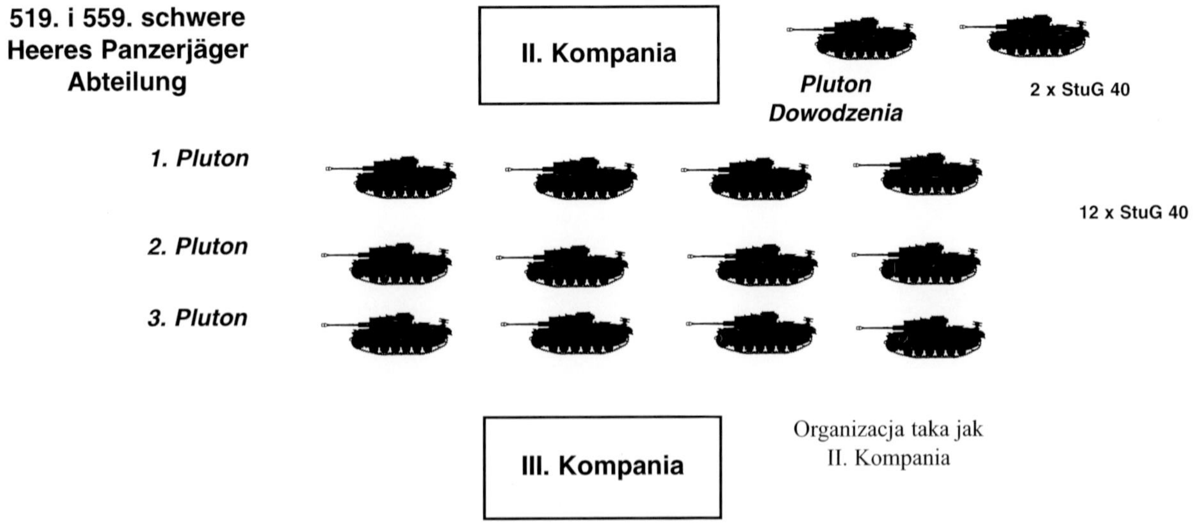

W 519. schwere Heeres Panzerjäger II. i III. kompania posiadały łącznie 28 dział szturmowych StuG 40, podobnie był zorganizowany 559. Batalion (warto jednak zauważyć, że ta ostatnia jednostka miała przejściowo w III. Kompanii także 5 „Jagdpanther".

519. i 559. Batalion 17 x Jagdpanther (+ Panzerbefehlswagen Jagdpanther) + 28 x StuG 40

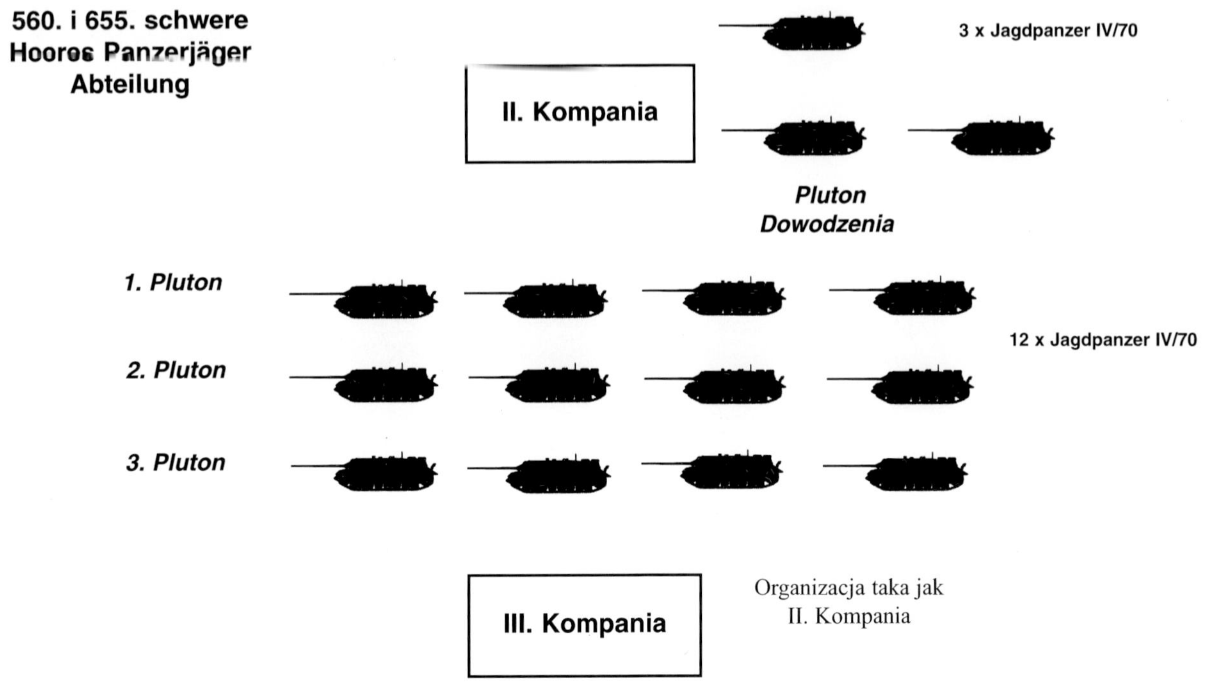

W 519. schwere Heeres Panzerjäger II. i III. kompania posiadały łącznie 30 dział samobieżnych Jagdpanzer IV/70, podobnie był zorganizowany 665. Batalion. W dowództwie kompanii były 3 pojazdy, a nie 2 jak w jednostkach uzbrojonych w działa szturmowe, dodatkowo jeden Jagdpanzer IV/70 był przydzielony do dowództwa batalionu.

560. i 665. Batalion 17 x Jagdpanther (+ Panzerbefehlswagen Jagdpanther) + 31 Jagdpanzer IV/70

Panzerbefehlswagen „Jagdpanther" numer „01" ze sztabu 559. sHPzJägAbt, jesień 1944 roku. *Panzerbefehlswagen "Jagdpanther" of Stab 559th sHPzJägAbt, Western Front, 1944.* **[Tank Museum]**

Panzerbefehlswagen „Jagdpanther" numer „01" ze sztabu 559. sHPzJägAbt, jesień 1944 roku. *Panzerbefehlswagen "Jagdpanther" of Stab 559th sHPzJägAbt, Western Front, 1944.* **[Tank Museum]**

mi. 3 września batalion otrzymał 17 dalszych **„Jagdpanther"**. Łącznie jednostka dysponowała 35 działami samobieżnymi **„Jagdpanther"**. Batalion przydzielono do Grupy Armii „B" na terenie Holandii. Jednostka wylczyła w rejonie Utrechtu, nad kanałem Alberta w Belgii i Holandii. W toku walk jednostka utraciła dużą część sprzętu: 1 listopada miała tylko sześć sprawnych **„Jagdpanther"**.

Latem 1944 roku w *Panzerjägerschule* w Mielau odtworzono rozbity na Białorusi i w Polsce 519. *schwere Heeres Panzerjäger Abteilung*. Miał być ponownie sformowany w oparciu o nowy etat. Dwie kompanie miały być uzbrojone w działa szturmowe (**StuG 40**), a jedna kompania i sztab batalionu w **„Jagdpanthery"**. Po zakończeniu szkolenia i uzupełnieniu sprzętu batalion skierowano na front zachodni do grupy armii „G".

Na froncie zachodnim walczyły też dwie inne jednostki uzbrojone w **„Jagdpanthery"**: 560. i 655. Batalion. Obie jednostki miały otrzymać tylko jedną kompanię **„Jagdpanther"** i dwie kompanie dział samobieżnych **Panzerjäger IV/70**. Do czasu rozpoczęcia ofensywy w Ardenach tylko 560. Batalion dostał **„Jagdpanthery"**. 655. Batalion został „dozbrojony" dopiero w połowie stycznia 1945 roku.

Wszystkie jednostki biorące udział w ofensywie w Ardenach poniosły ciężkie straty, wynoszące ponad 50% stanu wyjściowego. Przykładowo pod koniec 1944 roku 654. Batalion miał tylko 56 % stanu.

Działania w Ardenach na przełomie 1944 i 1945 roku były okresem najbardziej intensywnego użycia dział samobieżnych **„Jagdpanther"**.

„Jagdpanther" z 2. kompanii 654. schwere Heeres Panzerjäger Abteilung, Francja, lato 1944 roku. Pojazd wczesnej serii produkcyjnej. *"Jagdpanther" SP gun of 2nd Company 654th schwere Heeres Panzerjäger Abteilung., France, Summer 1944.* **[Tank Museum]**

„Jagdpanthery" nr 102" i „131" z 1. kompanii 560. sHPzJägAbt zniszczone 20.12.1944 roku koło Dom Büttgenbach. W walce poległ dca. kompanii kpt. Heinz Wewers *Two "Jagdpanther" SP guns of 1st Company 560th sHPzJägAbt destroyed near Dom Büttgenbach, 20 Dec 1944.*

W ofensywie brały udział trzy kompanie przydzielone do trzech batalionów. Należy także doliczyć działa samobieżne innych jednostek np. *Führer Grenadier Brigade*. Dowódca brygady *Oberst* Hans-Joachim Kahlert 16 grudnia 1944 roku miał do dyspozycji w I. Batalionie pułku pancernego 37 **„Panter"**, jednak około 50% stanu to **„Jagdpanthery"** a nie czołgi typu **„Panther"**. W 6. Armii znajdowała się kompania 519. batalionu, zaś w *Panzer Lehr Division* w miejsce I. Batalionu 130. Pułku Pancernego przydzielono 559. *schwere Heeres Panzerjäger Abteilung*. W pierwszych dniach ofensywy batalion pozostwała w odwodzie, a później został przydzielony do *Kampfgruppe von Possinger*.

Kilka **„Jagdpanther"** z 559. batalionu zostało zniszczonych na ulicach Jamelle, a jeden pojazd został unieruchomiony na drodze na południe od Han-sur-Lasse.

W stosunku do frontu zachodniego udział **„Jagdpanther"** w walkach z Armią Czerwoną był bardzo skromny. W styczniu 1945 roku walczyło tam tylko 10 pojazdów w 563. i 616. Batalionie. 563. Batalion został alarmowo przerzucony na wschód z Mielau. Walczył w rejonie Gruduska i Ciechanowa (Zichenau), potem bronił Olsztyna (Allenstein). Resztki batalionu wycofały się do Prus Wschodnich, gdzie zostały rozbite zimą 1945 roku. 3. kompania 616. Batalionu operowała w rejonie Bydgoszczy i Mirosławca (Märkish-Friedland).

W 1945 roku **„Jagdpanthery"** były kierowane nie tylko do batalionów dział samobieżnych, lecz także do innych jednostek m.in. dywizji pancernych *Wehrmachtu* (np. 9. DPanc na froncie zachodnim i 4. DPanc na wschodzie), *Waffen SS* (9. i 10. DPanc *SS* na froncie wschodnim). Część pojazdów trafiła

Uszkodzona „Jagdpanthera" z 654. sHPzJägAbt holowana przez Bergepantherę, Alzacja, styczeń 1945 roku. *Bergepanther is towing a damaged "Jagdpanther" of 654th sHPzJägAbt , Alsace, January 1945.* **[Die Deutsche Wochenschau]**

Zdobyta przez Sowietów uszkodzona „Jagdpanthera" z 1. kompanii 563. sHPzJägAbt, Prusy Wschodnie, wiosna 1945 roku. Pojazd późnej serii produkcyjnej. *A captured by Soviets damaged late-production "Jagdpanther" of 1st Company, 563rd sHPzJägAbt, East Prussia, Spring 1945.*

Ewakuacja zdobytej uszkodzonej „Jagdpanthery" Fgst 300027 nr „314" z 3. Kompanii 654. sHPzJägAbt, front zachodni, sierpień 1944 roku. *British soldiers towing a captured damaged "Jagdpanther" Fgst 3000027 No "314" of 3rd Company, 654th schwere Panzerjäger Abteilung, France, August 1944.* **[Tank Museum]**

jednak do jednostek dział samobieżnych (przykładowo 5 pojazdów przydzielonych 13 marca 1945 roku do 559. Batalionu na froncie zachodnim). W niektórych jednostkach **„Jagdpanthery"** stanowiły uzupełnienie w...batalionach czołgów **„Panther"**. Tak było w I. Batalionie 29. Pułku Pancernego i I. Batalionie 130. Pułku. W obu jednostkach w działa samobieżne uzbrojono pełną kompanię.

Tak znaczne rozproszenie **„Jagdpanther"** sprawiło, że w ostatnich dniach wojny pojazdy tego typu operowały na wielu odcinkach frontu: w składzie 560. Batalionu wspierały działania 12. DPanc *SS „Hitlerjugend"* na Węgrzech, w szeregach 10. DPanc *SS* działały na linii Nysy Łużyckiej w walce z 2. Armią WP.

„JAGDPANTHER" W MUZEACH

Do dnia dzisiejszego to zaskakujące w zbiorach muzealnych zachowało się aż 10 **„Jagdpanther"**.

Niewątpliwie najciekawszy jest pojazd znajdujący się w zbiorach muzeum w Saumur we Francji. Jest to pojazd z jarzmem stosowanym we wczesnych seriach produkcyjnych i jednoczęściową lufą. Niestety posiada nieoryginalne koła napinające, pochodzące z pojazdu późnej serii produkcyjnej. Został wyprodukowany w lutym 1944 roku w zakładach *MIAG*. Został zdobyty na froncie zachodnim w 1944 roku.

W *Tank Museum* w Bovington Camp znajduje się **„Jagdpanthera"** zmontowana po wojnie przez Brytyjczyków o podwoziu numer 303101, produkcji *MNH*.

Jednostka	**Uwagi**
654. sHPzJägAbt	jedyny bat. uzb. w „Jagdpanthery"
519. sHPzJägAbt	17 sztuk jedna kompania
559. sHPzJägAbt	17 sztuk jedna kompania
660. sHPzJägAbt	17 sztuk jedna kompania
665. sHPzJägAbt	17 sztuk jedna kompania
563. sHPzJägAbt	5? sztuk w 1.kompanii, Prusy Wsch.
616. sHPzJägAbt	7 sztuk w 3. kompanii, Polska
I./PzReg 29	14 sztuk od 01.1945, front wschodni
I./PzReg 130 PLehr Div	14 sztuk od 02.1945, Węgry
2. DPanc SS „Das Reich"	10 sztuk od 15.02.1945, Węgry
4. DPanc	8 sztuk od 15.02.1945, Pomorze
9. DPanc SS „Hohenstaufen"	10 sztuk 02.1945, Węgry
Führer Grenadier Div	10 sztuk, front wschodni
25. DPanc	4 sztuki, 30.03.1945, rej. Szczecina
10. DPanc SS „Fründsberg"	6 sztuk, 04.1945, front wschodni
DPanc „Holstein"	10 sztuk?, 04.1945
8. DPanc	6 sztuk, 03-04.1945
2. DPanc	kilka?, 04.1945
5. DPanc SS „Wiking"	7 sztuk od 5.04.1945?
7. DPanc	16 sztuk ex-559. sHPzJägAbt
106. PzAbt Div. FHH	4 sztuki, 04.1945, Węgry
PzJäg Schule Mielau	5-10, 1944-1945
12. DPanc SS „Hitlerjugend"	8 sztuk ex-560. sHPzJägAbt, Węgry

„Jagdpanthery" w jednostkach pancernych 1944-1945.
"Jagdpanther"s units 1944-1945.

„Jagdpanther" wczesnej serii produkcyjnej (luty 1944 roku) eksponat muzeum w Saumur. *Early "Jagdpanther" at Saumur Museum.* [MK Editions]
[Poniżej] „Jagdpanther" późnej serii produkcyjnej, zdobyty w 1945 roku w zbiorach muzeum w Kubince. Pojazd ma uszkodzoną armatę. *[Below] A late-production "Jagdpanther" at Kubinka, Russia. Note damaged gun barrel.* [Janusz Ledwoch]

Panzerbefehlswagen „Jagdpanther" numer „01" ze sztabu 559. schwere Heeres Panzerjäger Abteilung, front zachodni, jesień 1944 roku. Krzyż belkowy namalowany z przodu nadbudowy, kamuflaż dwubarwny. *Panzerbefehlswagen "Jagdpanther" No "01" of Stab 559th schwere Heeres Panzerjäger Abteilung, Western Front, 1944. Note two-tone camouflage pattern.* **[Tank Museum]**

Na terenie Niemiec przechowywane jest aż pięć **„Jagdpanther"**. Informacje o pojazdach zostały przedstawione w postaci zestawienia.

Na drugim krańcu Europy, w podmoskiewskiej Kubince, jest przechowywana kolejna **„Jagdpanthera"**. Jest to pojazd z późnej serii produkcyjnej, zdobyty przez wojska sowieckie wiosną 1945 roku w Prusach Wschodnich. Po drugiej stronie Atlantyku w *Ordnance Museum* w *Aberdeen Proving Ground,* w stanie Maryland, znajduje się **„Jagdpanthera"**. Jest to pojazd 303018, wczesnej serii produkcyjnej, zdobyty w Ardenach 22 grudnia 1944 roku.

Na terenie Szwajcarii w muzeum wThun znajduje się kolejna **„Jagdpanthera"**. Pojazd posiada zmienione peryskopy kierowcy, przebudowane prawdopodobnie w trakcie restauracji pojazdu.

W Londynie, na parterze *Imperial War Museum* mieszczącego się przy Lambeth Road 1, jest prezentowany **Panzerbefehlswagen „Jagdpanther"**, pojazd był uszkodzony w walce, został trafiony w prawy bok przedziału bojowego i w silnik. Do 1969 roku znajdował się *RMCS* w Shrivenham, później trafił do zbiorów *Imperial War Museum* w Duxford. W latach osiemdziesiątych pojazd został doprowadzony do pełnej sprawności technicznej. **„Jagdpanthera"** pochodząca z 559. *schwere Heeres Panzerjäger Abteilung* została zdobyta w północnych Niemczech w okolicach Gifhorn 16 kwietnia 1945 roku. Pojazd nosi numer podwozia 300054, produkcji *MIAG*, z lipca 1944 roku. Dowódcą kompanii 559. *sHPzJägAbt* był autor fundamentalnych publikacji na temat niemieckiej broni pancernej Walter J. Spielberger. Pojazd Spielbergera „123" został także trafiony niedaleko „muzealnego" pojazdu oznaczonego numerem „01".

Muzeum	**Pojazd/Uwagi**
Auto und Technik Museum Sisheim	Lekko uszkodzony pojazd późnej serii produkcyjnej
Auto und Technik Museum Sisheim	Uszkodzony, niekompletny wrak używany jako cel ćwiczebny
BWB Wehtechnische Studiensammlung Koblenz	ex-pojazd z muzeum w Saymur, od 1984 roku w RFN, Fgst 300099 prod. 11.1944
C. Hubeck, Darmstadt	pojazd używany na poligonie w Purbrtight w Wlk. Brytanii, część elementów wykorzystana do renowacji pojazdu w IWM w Londynie
Panzermuseum, Münster	pojazd prod MNH z 03.1945 Fgst 303094, sprawny technicznie

Opracowano na podstawie T. Larkum Preserved German Tanks vol. 2 str. 20-21

„Jagdpanthery" przechowywane w RFN.
"Jagdpanther" SP guns preserved in Germany.

MALOWANIE I OZNAKOWANIE

„Jagdpanthery" były malowane zgodnie z instrukcją Nr 181 z dnia 18 lutego 1943 roku. Malowano je kolorem *Wehrmacht Olive* (*FS 595B: 33275-33434*), który prawie zawsze uzupełniano nieregularnymi plamami i wężykami koloru *Olive Grün* (*RAL 6003*) i *Brun* (*RAL 8012*) według zasad ustanowionych w dniu 18 sierpnia 1944 roku. Innym typem malowania było malowanie dwubarwne *Wehrmacht Olive-Brun.* Częściej jednak spotyka się malowanie *Wehrmacht Olive-Grün*, czyli żółty + zielony. Dość często stosowano jednak malowanie jednobarwne *Wehrmacht Olive.* Tak były m.in. malowane pojazdy dostarczone w pierwszej połowie 1944 roku.

Unieruchomiona „Jagdpanthera" z 654. Batalionu, Francja, sierpień 1944 roku. *Immobilized "Jagdpanther" SP Gun of 654th Battalion, France, August 1944.* **[Tank Museum]**

Warto jeszcze jednak zaznaczyć, że sporadycznie stosowano też malowania niestandardowe. Przykłady kilku takich malowań zostały przedstawione na planszach barwnych, umieszczonych na końcu książki. W okresie zimowym **„Jagdpanthery"** prawdopodobnie malowano białą farbą zmywalną lub wapnem (według instrukcji z 18 listopada 1941 roku). Wnętrze przedziału bojowego malowano na kolor kremowy lub biały.

Stosowano standardowy system oznaczeń taktycznych w postaci liczb. Warto jednak zwrócić uwagę, że w większości jednostek używano kodów dwucyfrowych, a nie trójcyfrowych, jak w jednostkach uzbrojonych w czołgi. Oznaczenia taktyczne malowano czarną, czerwoną lub białą farbą. Stosowano także białe obwiedzenia cyfr oznaczenia taktycznego. Brak jest informacji o malowaniu godeł.

Wraki „Jagdpanther", Niemcy wiosna 1945 roku. Pojazdy z wczesnych serii produkcyjnych. *Two photographs of wrecks of "Jagdpanther" SP gun, Germany, Spring 1945.* **[Tank Museum]**

Panzerbefehlswagen „Jagdpanther" numer „01" ze sztabu 559. schwere Heeres Panzerjäger Abteilung, front zachodni, jesień 1944 roku. Pojazd wczesnej serii produkcyjnej z armatą Pak 43/2. *Panzerbefehlswagen "Jagdpanther" No "01" of Stab 559th schwere Heeres Panzerjäger Abteilung, Western Front, 1944. Note early vehicle fitted with single-piece "monoblock" gun barrel of Pak 43/2 gun.* **[Tank Museum]**

Przebijanie pancerza czołowego. *Front armour penetration scheme.*

Literatura

W.J. Spielberger, H.L. Doyle, T.L. Jentz Schwere Jagdpanzer, Stuttgart 1995
W.J. Spielberger, H.L. Doyle, T.L. Jentz Leichte Jagdpanzer, Stuttgart 1994
W.J. Spielberger Panzerkampfwagen Panther und seine Abarten, Stuttgart 1990
W.J. Spielberger Panzerkampfwagen Tiger und seine Abarten, Stuttgart 1989
T. Larkum Preserved German Tanks vol. 2 Northampton 1995
T.L. Jentz Panther Tank, Atglen 1995
T.L. Jentz Panzerwaffe vol. 2, Atglen 1997
H. H. Knittel Panzerfertigung im Zweiten Weltkrieg, 1977
W. Oswald Kraftfahrzeuge und Panzer der Reichswehr, Wehrmacht und Bundewehr, Stuttgart 1970
P. Chamberlain, H.L. Doyle, T.L. Jentz Encyclopedia of German Tanks of WW II, London 1992
L. Niehorster German WW II Organizational series vol. 9/1 i 9/2
Panzers in Saumur No. 2, Tokio 1993
E. Lefevre Panzers in Normandy then and now, London 1988
Y. Buffetaut J. Restayn Au Coeur de Reich, Paris 1993
J. P. Pallud Battle of the Bulge then and now, London 1984
Y. Buffetaut J. Restayn Rhin et Danube, Paris 1992
Opis techniczny niemieckich czołgów i dział samobieżnych, Moskwa 1948

Załoga 5 osób
Wymiary
- długość 6870 mm (kadłub) 9860 mm (całkowita)
- szerokość 3270 mm, 3420 mm (Schürzen)
- wysokość 2715 mm
- prześwit 560 mm

Masa bojowa 45 500 kg
Masa użytkowa 2000 kg
Nacisk na grunt 0,87 kg/cm^2
Prędkość maksymalna po drodze 55 km/h
Prędkość maksymalna w terenie 25 km/h
Promień skrętu 10 m
Zasięg na drodze 250 km
Zasięg w terenie 100 km
Zużycie paliwa na 100 km na drodze 280 l
Zużycie paliwa na 100 km w terenie 700 l
Pokonywanie przeszkód
- wzniesienia 30°
- ściany 900 mm
- przeszkody wodne 1500 mm
- rowy, okopy 2450 mm

Dane taktyczno-techniczne. *Technical data.*

Panzerjäger für 8,8 cm Pak 43 auf Fgst „Panther" - „Jagdpanther" Sd Kfz 173, jednostka nieustalona, Francja, koniec 1944 roku. *Panzerjäger für 8.8 cm Pak 43 auf Fgst "Panther" - "Jagdpanther" Sd Kfz 173, unit unidentified, France, end 1944.*

Panzerjäger für 8,8 cm Pak 43 auf Fgst „Panther" - „Jagdpanther" Sd Kfz 173, jednostka nieustalona, Niemcy, wiosna 1945 roku. *Panzerjäger für 8.8 cm Pak 43 auf Fgst "Panther" - "Jagdpanther" Sd Kfz 173, unit unidentified, Germany, Spring 1945.*

Panzerjäger für 8,8 cm Pak 43 auf Fgst „Panther" - „Jagdpanther" Sd Kfz 173 z 507. schwere Heeres Panzer Abteilung, Niemcy, wiosna 1945 roku. *Panzerjäger für 8.8 cm Pak 43 auf Fgst "Panther" - "Jagdpanther" Sd Kfz 173 of 507th schwere Heeres Panzer Abteilung, Germany, Spring 1945.*

Panzerjäger für 8,8 cm Pak 43 auf Fgst „Panther" - „Jagdpanther" Sd Kfz 173 z 654. schwere Heeres Panzerjäger Abteilung, Francja, Alzacja, koniec 1944 roku. *Panzerjäger für 8.8 cm Pak 43 auf Fgst "Panther" - "Jagdpanther" Sd Kfz 173 of 654th schwere Heeres Panzerjäger Abteilung, France, Alsace, end 1944.*

Panzerjäger für 8,8 cm Pak 43 auf Fgst „Panther" - „Jagdpanther" Sd Kfz 173, jednostka nieustalona, Niemcy, wiosna 1945 roku. *Panzerjäger für 8.8 cm Pak 43 auf Fgst "Panther" - "Jagdpanther" Sd Kfz 173, unit unidentified, Germany, Spring 1945.*

Prototyp Panzerjäger für 8,8 cm Pak 43 auf Fgst „Panther" - „Jagdpanther" Sd Kfz 173 Fahrgestell V 102, Kummersdorf, Niemcy, styczeń 1944 roku. *Panzerjäger für 8.8 cm Pak 43 auf Fgst "Panther" - "Jagdpanther" Sd Kfz 173 Fahrgestell V 102 prototype, Kummersdorf, Germany, January 1944.*

Prototyp Panzerjäger für 8,8 cm Pak 43 auf Fgst „Panther" - „Jagdpanther" Sd Kfz 173 Fahrgestell V 101, Kummersdorf, Niemcy, listopad 1943 roku. *Panzerjäger für 8.8 cm Pak 43 auf Fgst "Panther" - "Jagdpanther" Sd Kfz 173 Fahrgestell V 101 prototype, Kummersdorf, Germany, November 1943..*

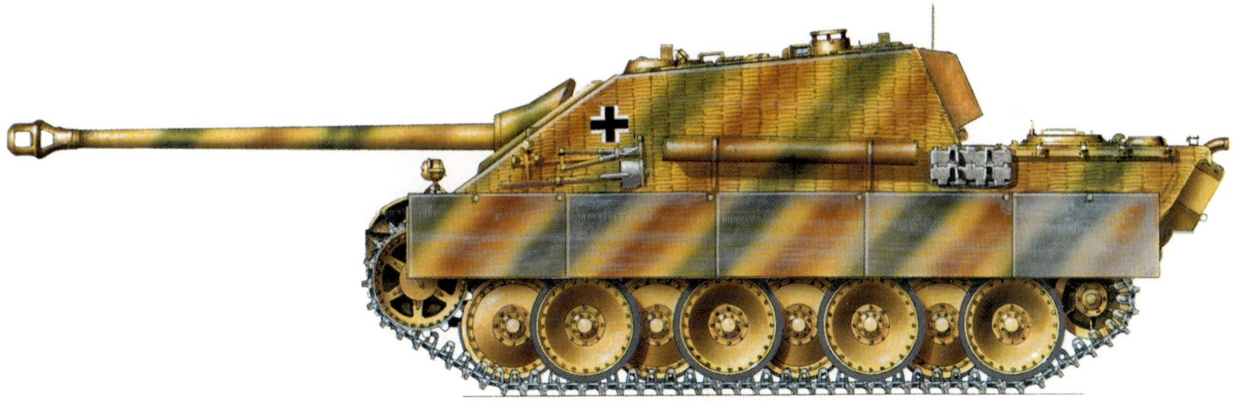

Panzerjäger für 8,8 cm Pak 43 auf Fgst „Panther" - „Jagdpanther" Sd Kfz 173 z 2. kompanii 654. schwere Heeres Panzerjäger Abteilung, poligon Mailly-le-Camp, Francja, wiosna 1944 roku. *Panzerjäger für 8.8 cm Pak 43 auf Fgst "Panther" - "Jagdpanther" Sd Kfz 173 of 2nd Company 654th schwere Heeres Panzerjäger Abteilung, Mailly-le-Camp proving ground, France, Spring 1944.*

Panzerbefehlswagen „Jagdpanther" z 559. schwere Heeres Panzerjäger Abteilung, Kanał Alberta, Belgia, wrzesień 1944 roku. *Panzerbefehlswagen "Jagdpanther" of 559th schwere Heeres Panzerjäger Abteilung, Albert Canal, Belgium, September 1944.*

Panzerjäger für 8,8 cm Pak 43 auf Fgst „Panther" - „Jagdpanther" Sd Kfz 173 z Führer Grenadier Brigade Panzer Division „Großdeutschland", koniec 1944 roku. *Panzerjäger für 8.8 cm Pak 43 auf Fgst "Panther" - "Jagdpanther" Sd Kfz 173 of Führer Grenadier Brigade, Panzer Division "Großdeutschland", end 1944.*

Panzerjäger für 8,8 cm Pak 43 auf Fgst „Panther" - „Jagdpanther" Sd Kfz 173, jednostka nieustalona, Niemcy, wiosna 1945 roku. *Panzerjäger für 8.8 cm Pak 43 auf Fgst "Panther" - "Jagdpanther" Sd Kfz 173, unit unidentified, Germany, Spring 1945.*

Panzerjäger für 8,8 cm Pak 43 auf Fgst „Panther" - „Jagdpanther" Sd Kfz 173 z 3. kompanii 130. Panzer Regiment, Panzer Lehr Division, Węgry, wiosna 1945 roku. *Panzerjäger für 8.8 cm Pak 43 auf Fgst "Panther" - "Jagdpanther" Sd Kfz 173 of 3rd Company 130th Panzer Regiment, Panzer Lehr Divison, Hungary, Spring 1945.*

Panzerjäger für 8,8 cm Pak 43 auf Fgst „Panther" - „Jagdpanther" Sd Kfz 173 z 654. schwere Heeres Panzerjäger Abteilung, poligon w Grafenwöhr, wrzesień 1944 roku. *Panzerjäger für 8.8 cm Pak 43 auf Fgst "Panther" - "Jagdpanther" Sd Kfz 173 of 654th schwere Heeres Panzerjäger Abteilung, Grafenwöhr proving ground, September 1944.*

Panzerbefehlswagen „Jagdpanther" z e Stab 559. schwere Heeres Panzerjäger Abteilung, Belgia, wrzesień 1944 roku. *Panzerbefehlswagen "Jagdpanther" of Stab 559th schwere Heeres Panzerjäger Abteilung, Belgium, September 1944.*

Panzerjäger für 8,8 cm Pak 43 auf Fgst „Panther" - „Jagdpanther" Sd Kfz 173 z 2. kompanii 654. schwere Heeres Panzerjäger Abteilung, Normandia, Francja, lipiec 1944 roku. *Panzerjäger für 8.8 cm Pak 43 auf Fgst "Panther" - "Jagdpanther" Sd Kfz 173 of 2nd Company 654th schwere Heeres Panzerjäger Abteilung, Normandy, France, July 1944.*

Panzerjäger für 8,8 cm Pak 43 auf Fgst „Panther" - „Jagdpanther" Sd Kfz 173, jednostka nieustalona, Niemcy, wiosna 1945 roku. *Panzerjäger für 8.8 cm Pak 43 auf Fgst "Panther" - "Jagdpanther" Sd Kfz 173, unit unidentified, Germany, Spring 1945.*

Panzerjäger für 8,8 cm Pak 43 auf Fgst „Panther" - „Jagdpanther" Sd Kfz 173, jednostka nieustalona, front wschodni, styczeń 1945 roku. *Panzerjäger für 8.8 cm Pak 43 auf Fgst "Panther" - "Jagdpanther" Sd Kfz 173, unit unidentified, Eastern Front, January 1945.*

Panzerjäger für 8,8 cm Pak 43 auf Fgst „Panther" - „Jagdpanther" Sd Kfz 173 z 654. schwere Heeres Panzerjäger Abteilung, Francja, koniec 1944 roku. *Panzerjäger für 8.8 cm Pak 43 auf Fgst "Panther" - "Jagdpanther" Sd Kfz 173 of 654th schwere Heeres Panzerjäger Abteilung, France, end 1944.*

Panzerjäger für 8,8 cm Pak 43 auf Fgst „Panther" - „Jagdpanther" Sd Kfz 173 z 654. schwere Heeres Panzerjäger Abteilung, Francja, koniec 1944 roku. *Panzerjäger für 8.8 cm Pak 43 auf Fgst "Panther" - "Jagdpanther" Sd Kfz 173of 654th schwere Heeres Panzerjäger Abteilung, France, end 1944.*

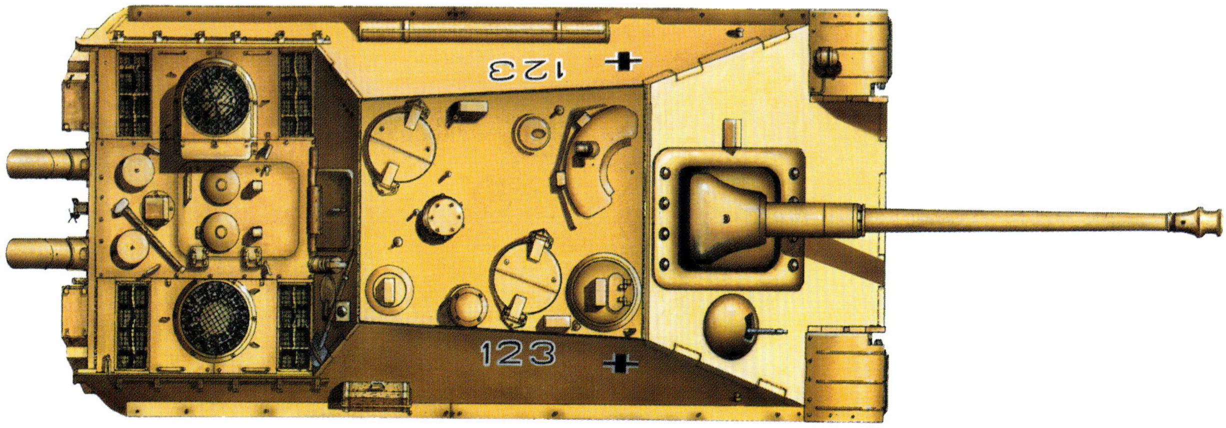

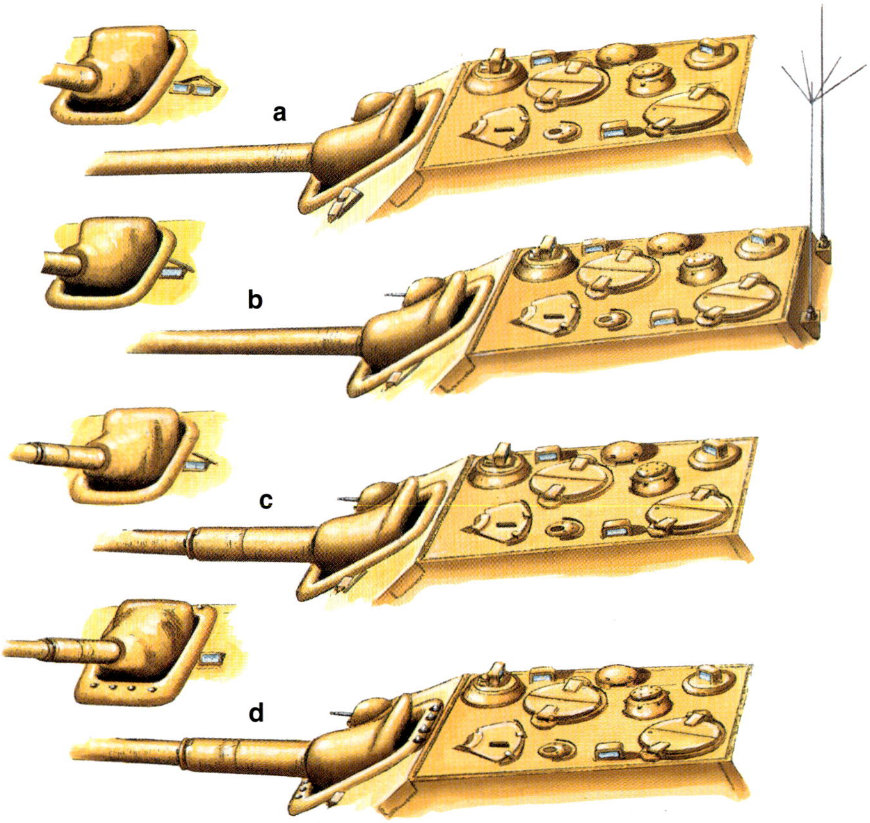

Panzerjäger für 8,8 cm Pak 43 auf Fgst „Panther" - „Jagdpanther" Sd Kfz 173: a - pojazd wczesnej serii produkcyjnej *(early production vehicle),* b - Panzerbefehlswagen „Jagdpanther", c - pojazd tzw. średniej serii produkcyjnej *(mid-production vehicle),* d - pojazd późnej serii produkcyjnej *(late production vehicle).*

Godła dywizji piechoty *(Infantry Division badge's)*: 1 – 1. Dywizja Piechoty (1941), 2 – 4. Dywizja Piechoty, 3 – 7. Dywizja Piechoty (1941-1942), 4 – 9. Dywizja Piechoty, 5 – 11. Dywizja Piechoty (1941), 6 – 12. Dywizja Piechoty, 7 – 15. Dywizja Piechoty (1941), 8 – 16. Dywizja Piechoty (1940), 9 – 17. Dywizja Piechoty, 10 – 26. Dywizja Grenadierów Ludowych, 11 – 33. Dywizja Piechoty (1940), 12 – 36. Dywizja Piechoty (1940-1941), 13 – 38. Dywizja Piechoty, 14 – 46. Dywizja Piechoty, 15 – 81. Dywizja Piechoty, 16 – 82. Dywizja Piechoty (1941).